Psychotechnische Berufseignungsprüfung von Gießereifacharbeitern

von

Dr.-Ing. Wilhelm Bültmann

Mit 32 Textabbildungen

Springer-Verlag Berlin Heidelberg GmbH 1928

Bücher der industriellen Psychotechnik. Bd. 4

Herausgeber: Prof. Dr. W. Moede, Technische Hochschule Berlin

ISBN 978-3-662-40589-5 ISBN 978-3-662-41067-7 (eBook)
DOI 10.1007/978-3-662-41067-7
Softcover reprint of the hardcover 1st edition 1928

Inhaltsverzeichnis.

Einleitung.

Die psychotechnische Berufseignungsprüfung hat bereits weitgehende und erfolgreiche Anwendung in Industrie, Handel und Verkehr gefunden. Sie ist als eine wertvolle Hilfe bei der besten Verwendung der menschlichen Arbeitskraft anerkannt.

In der folgenden Abhandlung soll versucht werden, Unterlagen für das Gießereigewerbe zu schaffen und ein Verfahren zur Prüfung von Gießereifacharbeitern insbesondere von Formern zu entwickeln.

Die wirtschaftliche Bedeutung des Gießereigewerbes sei durch einige Zahlen erläutert. Es bestanden in Deutschland im Jahre 1926 1557 Gießereien, davon waren 82 für Stahlguß eingerichtet. Sie beschäftigten 119000 Personen mit einer Gehalts- und Lohnsumme von 223 Millionen RM. Die Produktion in Höhe von 2 Millionen Tonnen hatte einen Wert von 634 Millionen RM. (78)[1].

Eine andere Statistik (86)[2] ermittelt den Verbrauch an Gußeisen auf den Kopf der Bevölkerung im Jahre 1924 und kommt zu folgenden Zahlen:

Frankreich	113 kg	Belgien	240 kg
Deutschland	137 „	Vereinigte Staaten	295 „
England	203 „		

Als weiteren Anhalt für die Verbreitung des Gußeisens diene die Tatsache, daß etwa 80% des Gewichtes sämtlicher Maschinen aus Gußeisen besteht (86)[3].

Es bietet sich hier der Psychotechnik ein besonders dankbares Arbeitsgebiet, um so mehr, da die gebräuchlichen Arbeitsverfahren in den Gießereien stark unter dem Einfluß des Menschen stehen. Wohl sind die technischen Einrichtungen bedeutend verbessert worden, auch ist es gelungen, einen großen Teil der vorkommenden Arbeiten durch Maschinen ausführen zu lassen, aber die erfahrenen Facharbeiter, die Handformer, können nicht entbehrt werden. Gerade die schwierigsten und schwersten Stücke, die hohe Anforderungen an das Können stellen, werden von Hand unter Benutzung von einfachsten Mitteln hergestellt. Aber auch einfachere und leichtere Stücke sind solange dem Handformer vorbehalten, als ihre Zahl die Aufwendung von Maschineneinrichtungen nicht lohnt.

[1] Die in Klammern gesetzten Ziffern beziehen sich auf das am Schlusse des Buches befindliche Literaturverzeichnis.

[2] Jahrgang 12, 1925, S. 330. [3] Jahrgang 12, 1925, S. 350

Trotz dieser Tatsachen sind geeignete Grundlagen für die Anwendung der Psychotechnik im Gießerei- und Hüttenwesen bisher nicht im erwünschten Maße geschaffen worden. Als erster hat Schlesinger versucht (67), die für den Formerberuf erforderlichen Eigenschaften und Kenntnisse zusammenzustellen. Erwähnt wurde der Former von ihm im Zusammenhang mit dem Tremometer bereits früher (66). Sodann gibt Moede in seinem Vortrag „Der gegenwärtige Stand der industriellen Psychotechnik unter besonderer Berücksichtigung des Gießereigewerbes“, gehalten auf der Hauptversammlung des Vereins Deutscher Gießereifachleute am 26. Juni 1920 (49, 50), einen Überblick über die vorliegenden Probleme und eine Andeutung von Prüfverfahren. Auf der Hauptversammlung der Nordwestdeutschen Gruppe berichtet Bäumer (3) über die mit dem Verein Deutscher Eisenhüttenleute gemeinsam unternommenen Schritte, um die Psychotechnik im Eisengewerbe einzuführen. Es folgt daraufhin der Bericht eines Ausschusses des Vereins Deutscher Eisenhüttenleute von Hüttenhain, Roser und Daiber (36), der keine neuen Gesichtspunkte enthält. Vorher bringt Kresse (45) einige Eigenschaften und Prüfverfahren für Former.

Die erste Ausstellung von Prüfgeräten und Proben zeigte Rupp auf der 3. Gießerei-Fachausstellung im August 1923 in Hamburg. Sein Vortrag (63) beschränkte sich aber nur auf Andeutungen. Über eine Anwendung der Verfahren ist nichts veröffentlicht worden. In diese Zeit fallen die ersten Eignungsuntersuchungen des Verfassers (5) für den Formerberuf, die gleichzeitig mit einem Aufsatz von Berling (4) erschienen. Berling betont bereits, daß für Former eigene Prüfbedingungen erforderlich sind. Hinweise auf Eigenschaften und Fähigkeiten der Former finden sich an verschiedenen Stellen, ebenso sind Mitteilungen über ausgeführte Prüfungen vorhanden (2, 10, 11, 12, 13, 21, 40, 41, 64, 65).

Alle bisherigen Prüfungen ähneln denen, die für Metallarbeiterlehrlinge gebräuchlich sind. Für die Gießereifacharbeiter können jedoch nur besonders angepaßte Prüfverfahren benutzt werden, die sich auf eine eingehende Berufskunde und auf planmäßiges Studium der erforderlichen geistigen und körperlichen Fähigkeiten stützen müssen. Sie haben ferner die besonderen Verhältnisse zu berücksichtigen, die im Gießereigewerbe vorliegen.

A. Besondere Verhältnisse im Gießereiwesen im Hinblick auf die Former.

Sie lassen sich nach ihren Ursachen zergliedern in:

1. Art der Betriebsführung.
2. Fehlgußgefahren.
3. Charakterologische Eigenart des Formers.
4. Anforderungen an die körperliche Leistungsfähigkeit.
5. Mangel an Nachwuchs.

Bis vor kurzem war die handwerkliche Art der Betriebsführung in der Gießerei allgemein üblich, und noch heute herrscht sie in vielen Betrieben vor.

Jede Gießerei hatte eigene Erfahrungen gesammelt und hütete sie als strengstes Geheimnis. Jeder Meister hatte seine eigenen Verfahren, und jeder Handformer, Maschinenformer und Kernmacher arbeitete nach eigenen Rezepten. Trotzdem die Wissenschaft heute Klarheit in die Zusammenhänge gebracht, und trotzdem die industrielle Arbeitsmethode Eingang gefunden hat, ist der Hang zum Hergebrachten geblieben, so daß Neuerungen schwer Eingang finden.

Dies geht so weit, daß sogar Maßnahmen zur Verquemlichung der Arbeit zum Nutzen der Arbeiter wenig Unterstützung finden. Hier sollte gerade der Arbeitende mitwirken, er sollte mit mehr Überlegung seine täglichen Arbeiten verrichten und stets bestrebt sein, jede überflüssige und unbequeme Arbeitsweise aus dem Arbeitsprozeß zu beseitigen.

Die wissenschaftliche Betriebsführung hat sich dieser Aufgaben bereits in einigen Gießereibetrieben angenommen, veranlaßt durch die großen Erfolge in der mechanischen Industrie.

Eine weitere Sonderheit im Gießereigewerbe ist der starke Einfluß des Fehlgusses. Unter Fehlguß oder Ausschuß versteht man sämtliche Gußstücke, die infolge irgendeines Fehlers von der Verwendung ausgeschlossen sind. Die Fehlgußziffer schwankt außerordentlich, je nach Art des fabrizierten Gegenstandes, der Einrichtungen und der Fähigkeiten der Former.

Auch in gut geleiteten Gießereien für einfache Stücke kann die Ausschußziffer kaum unter 4—5% des guten Gusses gedrückt werden. Bei schwierigeren Stücken, etwa mittlerem Maschinenguß, ist mit 6—8% zu rechnen. Für dünnwandige Teile mit vielen Kernen, wie

Automobilzylinder usw., steigt sie auf 10—15%. Unter der Annahme einer mittleren Zahl von 6% müssen demnach für 100 kg guten Guß 106 kg Eisen vergossen werden, d. h. 6 kg sind vergeblich mit allen Kosten und Unkosten hergestellt. Es möge davon abgesehen werden, diesen Verlust in Geld auszudrücken, da die Kosten für 1 kg Ausschuß wesentlich von der Berechnungsweise abhängig sind. Aber die Ausmaße sind gekennzeichnet durch die 120000 Tonnen Ausschuß, die bei 2 Millionen Tonnen Produktion im Jahre entstehen.

Wegen seiner ungeheuren wirtschaftlichen Bedeutung wird dem Ausschuß allenthalben große Aufmerksamkeit zugewandt. Mit großem Aufwand an Geld und Kraft versuchen die Betriebe die Ursachen zu erkennen und Maßnahmen zur Abstellung zu ergreifen. Eingehende Statistiken, die Verfasser jahrelang geführt hat, ergaben, daß rund 70% auf den Former und Kernmacher und rund 30% auf andere Gründe zurückzuführen sind. Von den 70% wiederum entstehen beim Formen 50%, beim Gießen 10% und beim Kernmachen ebenfalls 10%.

Die Fehlgußgefahr bedroht den Former bei einer jeden Tätigkeit und wirkt sich deshalb so unheilvoll aus, weil es ihm unmöglich ist, jede Teilarbeit für sich auf das Gelingen zu kontrollieren. Sehr viele Fehler sind entweder unbemerkt vorhanden oder stellen sich zu einer Zeit ein, da sie eine Beseitigung nicht mehr ermöglichen. In anderen Fällen können Zweifel entstehen, ob die handwerklichen Maßnahmen mit Sicherheit ihren Zweck erfüllen, und schließlich gibt es Ursachen, auf die der Former keinen Einfluß hat.

Unsichtbare Fehler können besonders während des Stampfens entstehen. Ein Stampferstoß, der das Modell trifft, genügt, um das Gußstück unbrauchbar zu machen, ein ungeschickter Druck während des Kerneinlegens kann Sand in die Form bringen, ohne daß es bemerkt wird.

Außerordentlich mannigfaltig sind die Fehlermöglichkeiten, die nicht mehr abgestellt werden können. Während des Zulegens der Form streift der Kern Sand ab, eine empfindliche Kante wird gedrückt, die Kasten versetzen gegeneinander oder die Form senkt sich durch das Belasten.

Ebensooft wird der Former im Zweifel sein, ob er ausreichende formtechnische Vorsorge getroffen hat, ob die Anzahl der Formstifte zum Befestigen der Form genügen, ob der Sand ausreichend angefeuchtet ist, ob die Kernstützen den Kern genügend stützen und doch einwandfrei im Eisen verschweißen, ob die Anschnitte groß genug gewählt sind, ob sie an der richtigen Stelle liegen, ob die Luftabführung genügt und so fort. Wenn eine Maßnahme in einem Fall genügt hat, kann sie in einem anderen Fall versagen. Wer wird dem Former verargen, wenn er vielfach mehr tut als nötig ist, wenn er vorsichtiger als erforderlich handelt.

Schließlich kann seine Arbeit durch einen unsachgemäß hergestellten Kern oder durch ein Eisen, das zum Lunkern oder Reißen neigt, gefährdet werden.

Diese Sonderheiten seines Berufes sind nicht ohne Einfluß auf den Charakter des Formers geblieben.

Bereits der äußere Eindruck verschafft wichtige Einblicke. Der Gang ist schwerfällig, die Haltung steif, und sämtliche Bewegungen werden langsam und mit Bedacht ausgeführt. Im Gespräch nimmt er eine abwartende Haltung ein und ist dabei recht wortkarg. Die Gesichtszüge bleiben unbeweglich und gemessen, aber zeugen von Selbstbewußtsein und vorsichtiger Überlegung.

Manche Züge hat er mit dem Seemann gemeinsam. Beide fühlen sich stark abhängig von Mächten, die sie nicht ganz beherrschen. Für den Former sind es die mannigfaltigen teils offenen, teils geheimen Gefahren in seiner Arbeit. Er wird immer wieder feststellen müssen, daß trotz äußerster Sorgfalt und Gewissenhaftigkeit bei der Herstellung der Form und während des Gießens manches Gußstück Ausschuß geworden ist. Infolgedessen steigert er seine Sorgfalt immer mehr, und die Arbeit schreitet entsprechend langsamer vorwärts. Diese Einstellung kann er vielfach auch bei solchen Arbeiten nicht ändern, die eine übermäßige Sorgfalt nicht erfordern.

Sein Charakter kann demnach folgendermaßen gekennzeichnet werden: Der Former ist vorsichtig, zurückhaltend, einsam bis zur Ungeselligkeit, langsam, ruhig, bedachtsam, sorgfältig und gewissenhaft. Er muß den Willen aufbringen können, die Gleichgültigkeit und Nachlässigkeit zu bekämpfen und auch dann die Handlung zur Beseitigung eines Fehlers ausführen, wenn dieser von niemandem bemerkt wird. Als äußerer Druck liegt der Verdienstausfall für Ausschuß auf ihm, aber leider genügt die tarifliche Abmachung nicht, die Gewissenhaftigkeit zu erzwingen. Der fast allgemein mit 25% festgelegte Anteil am Schaden durch Ausschuß kann durch flüchtiges Arbeiten zum großen Teil wieder eingeholt werden. Die Triebkraft zu bester Arbeit muß vielmehr der Berufsehrgeiz und der Berufsstolz sein, den tüchtige Former in starkem Maße besitzen.

Solche Former tragen mit Freude die ganze Verantwortung für ihre Arbeit allein und entwickeln ein starkes Selbstbewußtsein. Es kann sich in einzelnen Fällen bis zur Selbstüberhebung steigern, wenn er sich als die wichtigste Person fühlt, von dem Meister und Werk abhängig sind. Vereinzelt treten daher Eigensinn, Starrköpfigkeit und selbst Unbotmäßigkeit auf, wenn er sich ungerecht behandelt fühlt.

Die Überschätzung der eigenen Erfahrungen verleitet ferner dazu, neuen Verfahren ebenfalls vorsichtig und schwerfällig gegenüber zu stehen und jedem Fortschritt mit Vorurteil zu begegnen.

Es ist somit nicht verwunderlich, daß die Former sich eine Sonderstellung unter den Facharbeitern errungen und sich einen großen Einfluß auf die Werkspolitik gesichert haben. Sie werden oft mit besonderer Rücksicht behandelt und erreichen vielfach große Erfolge, wenn es gilt, Wünsche und Forderungen durchzusetzen.

Die Anforderungen an die körperliche Leistungsfähigkeit sind ohne Zweifel bedeutend, jedoch sind gesundheitliche Schäden bisher nicht nachgewiesen. Die herrschende Meinung, daß der Formerberuf besonders unsauber, ungesund, anstrengend und uninteressant sei, muß als Vorurteil bezeichnet werden, das nur auf eine flüchtige Kenntnis des Berufes zurückzuführen ist. Dieser ist vielmehr nicht schlechter gestellt als andere werktätige Berufe. Er besitzt sogar besondere ethische Werte durch die Abgeschlossenheit des Arbeitspensums und durch die freie Auswirkungsmöglichkeit des eigenen Arbeitstriebes.

Es möge im folgenden ein Einblick in die Leistungen eines Maschinenformers an einer hochwertigen Maschine gegeben werden. Zuerst wurden eine Reihe Zeitaufnahmen nach den Regeln der Refamappe für Gießereiwesen (61) gemacht. Die Auswertung und Zusammenfassung ergab folgende Zeitwerte:

Aufstampfen des Unterkastens	0,83 Min.
Wenden des Unterkastens und Aufstampfen des Oberkastens . . .	0,93 „
Herrichten und Zurichten der Form	0,72 „
insgesamt	2,48 Min.

Es stellte sich dabei schon heraus, daß die Zeiten am Anfang der Beobachtung kürzer waren als am Schluß. Somit ist die Beobachtung während eines ganzen Tages erforderlich, um ein vollständiges Leistungsbild zu erhalten. Tab. 1 zeigt das Ergebnis der stündlichen Aufzeich-

Tabelle 1. Leistungen eines Maschinenformers.

Uhrzeit	Zeitdauer	Beobachtete Leistung	Stündliche Leistung	Bemerkung
7.00— 8.00	60 Min.	24 Kasten	24 Kasten	
8.00— 9.00	60 „	20 „	20 „	
9.00—10.00	60 „	18 „	18 „	
10.00—10.15	15 „	—	—	Frühstückspause
10.15—11.00	45 „	18 „	24 „	
11.00—12.00	60 „	20 „	20 „	
12.00—12.30	30 „	—	—	Mittagspause
12.30— 1.30	60 „	17 „	17 „	
1.30— 2.30	60 „	18 „	18 „	
2.30— 3.00	30 „	7 „	14 „	
3.00— 4.15	75 „	—	—	Gießzeit
Reine Formzeit	435 Min.	142 Kasten	19,6 Kasten	im Durchschnitt

Geringster Zeitverbrauch 2,5 Min. für einen Kasten. Kastengröße 375×425 ×80 mm.

nungen. Es ist ein deutlicher Leistungsabfall festzustellen, so daß die Leistungen in der zweiten Stunde 20 Kasten und in der dritten sogar nur 18 betragen.

Dieser Leistungsabfall ist vorwiegend auf die durch die körperliche Anstrengung eintretende Ermüdung (16, 75) zurückzuführen und tritt besonders in der Maschinenformerei und Kleinkernmacherei auf, während in der Handformerei immerhin eine gewisse Erholung während des Flickens, Polierens, Schwärzens oder ähnlicher Arbeiten möglich ist.

Nach der Frühstückspause von 15 Minuten steigt die Leistung wieder wesentlich an, während sie nach der Mittagspause von 30 Minuten stark absinkt. Für die höchste Leistung mit 24 Kasten in der Stunde errechnet sich der Zeitverbrauch für einen Kasten zu 2,5 Minuten. Diese Zahl stimmt mit der Zeitaufnahme, die 2,48 Minuten brachte, sehr gut überein. Als mittlere Leistung ergibt sich 142 Kasten in 435 Arbeitsminuten oder 19,6 Kasten in der Stunde. Demgemäß beträgt der mittlere Leistungsabfall 22%. Dies Ergebnis wird verständlich, wenn die bewegten Lasten berücksichtigt werden. Die Gewichte, die beim Formen eines jeden Kastens bewegt werden müssen, setzen sich folgendermaßen zusammen:

Modellplatte aufsetzen	15 kg
Unterkasten aufsetzen	6 „
Sand einsieben	36 „
Unterboden einsetzen	12 „
Oberkasten aufsetzen	7 „
Modellplatte wegnehmen	15 „
Kasten abheben	13 „
Form wegtragen	48 „
insgesamt	152 kg

Für 142 Kasten am Arbeitstage ergibt das 21584 kg, und unter Berücksichtigung der Formzeit 2890 kg/Std. Ohne Zweifel eine bedeutende Leistung.

Zum Vergleich mögen die Zahlen herangezogen werden, die im Refablatt G VII—3 (61) veröffentlicht sind. Unter den Zuschlägen für Maschinenformerei und Kleinkernmacherei ist bei einem Kilogramm-Umsatz je Stunde von 2890 ein Zuschlag für Leistungsabfall von 24,5% angegeben. Diese Zahl zeigt eine gute Übereinstimmung mit der oben ermittelten.

Die bisherigen Zeiten beziehen sich nur auf Teile der gesamten Leistung und können als Hauptzeit und Zuschlag für Leistungsabfall angesehen werden. Für die Bemessung der Gesamtleistung jedoch sind alle Nebenzeiten und auch die unregelmäßig auftretenden unvermeidbaren Verlustzeiten während eines Arbeitsabschnittes heranzuziehen. So entsteht die Kalkulationsgleichung nach dem Refablatt G 1—6, die lediglich als Richtlinie zu betrachten ist. Auf das vorliegende Beispiel angewandt, ergibt sich:

Hauptzeit, Formen		2,48 Min.
Zuschlag für Leistungsabfall, 22%		0,55 „
Nebenzeit, Gießen		0,50 „
	insgesamt	3,53 Min.
Verlustzeit, 15%		0,53 „
	insgesamt	4,06 Min.
Sonderzuschlag für Ausschuß 5%		0,20 „
	Zeit insgesamt	4,26 Min.

Die Verlustzeit und der Sonderzuschlag für Ausschuß sind auf Grund besonderer Betriebsbeobachtungen festgestellt. Diese Endzeit von 4,26 Minuten gilt als eine normale Leistung für einen mittleren Arbeiter und kann unter den im Betrieb vorliegenden Arbeitsbedingungen auf die Dauer eingehalten werden. Als Stückzeit (Zeitakkord) wurde demnach 4,3 Minuten vorgegeben und seitdem anstandslos im Betriebe benutzt.

Der Geldwert für diese Stückzeit gehört nicht zu dieser Betrachtung, da ihm keine sachlichen Tatsachen zugrundeliegen, sondern seine Größe durch Vereinbarungen geregelt wird.

Schon lange hat das bereits erwähnte Vorurteil dazu geführt, daß der heutige Bestand an Formern leider recht minderwertig und der Nachwuchs außerordentlich dürftig ist. Die Meldungen zur Formerlehre nehmen von Jahr zu Jahr ab, und es steht heute fest, daß freiwillig kein guter Schüler in die Lehre geht. Nur diejenigen, die in anderen Berufen nicht unterkommen konnten, oder auf die ein Druck ausgeübt wurde, erlernen das Formerhandwerk. Es liegt somit eine Auslese nach der schlechten Seite hin vor.

Es ist daher auch kein Wunder, daß die Gießereifacharbeiter mit Rücksicht auf die geschilderten besonderen Verhältnisse, die ihnen eine Ausnahmestellung im Betriebe einräumen, politischen Agitationen besonders zugänglich sind und ein gutes Werkzeug in Händen ihrer Führer bilden. Man weiß, daß bei Lohnbewegungen die Former gern vorgeschickt werden und sich auch bereitwilligst dazu hergeben. Der Mangel an eigener Urteilsfähigkeit kann so weit gehen, daß in der vom Verfasser geleiteten Gießerei z. B. die ganze Belegschaft von mehreren hundert Mann eines Tages die Arbeit niederlegte, weil ein Former, der auf Probe eingestellt war, noch vor Ablauf der Probezeit wegen Minderleistung entlassen werden sollte.

Wir werden später sehen, daß der Former ein hohes Maß körperlicher und geistiger Fähigkeiten besitzen muß, die zusammen mit der besonderen Art der beruflichen Schulung ihn aus dem Rahmen der übrigen Arbeiter herausheben sollten. Er müßte zu den klügsten und hochwertigsten Facharbeitern gehören. Einzelne haben sich in der

Tat emporgearbeitet; so sind die meisten Formermeister, eine Reihe Gießereileiter und selbst Direktoren aus dem Formerberuf hervorgegangen.

Unter den augenblicklich herrschenden Verhältnissen könnte am schnellsten eine systematische Anlernung und Ausbildung, insbesondere des Nachwuchses und der jungen Former helfen. Ein Weg dazu ist durch das bewährte Verfahren des deutschen Ausschusses für Technisches Schulwesen in seinem „Lehrgang für Formerlehrlinge" (14) gewiesen.

Nachdem der zukünftige Former mit der Sandaufbereitung und den Eigenschaften des Formsandes vertraut gemacht ist, lernt er die gebräuchlichen Werkzeuge und Geräte kennen. Sodann eignet er sich durch Herstellung der einfachsten Formen die Kenntnisse und Fertigkeiten an, die die Grundlage aller Formarbeiten bilden, da sie immer wiederkehren. Als grundlegende Arbeitsgänge werden hingestellt:

1. Auflegen der einen Modellhälfte auf den Aufstampfboden und Aufsetzen des Unterkastens,
2. Aufsieben und Andrücken des Modellsandes,
3. Formsand einschaufeln und Unterteil aufstampfen,
4. Abstreichen und Luft stechen,
5. Wenden, glatt polieren, Streusand streuen und zweite Modellhälfte auflegen,
6. Aufsetzen des Oberkastens, Trichter und Steiger einsetzen,
7. Aufsieben und Andrücken des Modellsandes,
8. Formsand einschaufeln und Oberteil aufstampfen,
9. Luft stechen, Trichter herausziehen, abstreichen, Oberkasten abheben und wenden,
10. Schneiden der Trichter im Oberteil, Modell ausheben und Form nacharbeiten,
11. Schneiden der Eingüsse im Unterteil, Modell ausheben und Form nacharbeiten,
12. Kerne einlegen,
13. Zusammensetzen der Kasten, belasten und gießen.

Schon die einfache Form bedarf somit einer ganzen Kette von Arbeitsgängen, die alle fortgesetzt geübt werden müssen. Eine systematische Anleitung durch eine besonders befähigte Person kann die Anlernzeit wesentlich verkürzen. Leider stehen jedoch tüchtige Lehrformer oder Lehrmeister nur in wenigen Betrieben zur Verfügung, so daß die Lehrlinge bis zur Erfassung der gekennzeichneten Arbeitsgänge lange Zeit gebrauchen, während die Jungformer ganz auf sich angewiesen sind. Nach Beherrschung dieser Grundlage werden durch den Lehrgang weitere handwerkliche Kenntnisse in systematischem Aufbau übermittelt, unter fortgesetzter Steigerung der Schwierigkeiten. Mit der Herstellung eines Ventilkorbes in vierteiliger Form ist bereits ein hoher Grad des Könnens erreicht.

Trotz aller Mühe und Sorgfalt wird es nicht gelingen, alle Lehrlinge gleichmäßig zu fördern. Einige werden bald den Durchschnitt überragen, andere dagegen werden ihn nicht erreichen. Hier ist der Einfluß der natürlichen körperlichen und geistigen Anlagen und Fähigkeiten entscheidend. Sie frühzeitig zu erkennen und zum Wohle von Mensch und Betrieb auszuwerten, gehört mit zu den Aufgaben der Psychotechnik.

B. Analyse der Berufsverrichtungen und Feststellung der berufswichtigen Fähigkeiten.

Zur Feststellung der für die Gießereifacharbeiter erforderlichen berufswichtigen Fähigkeiten wurde eine eingehende systematische Analyse der Berufsverrichtungen vorgenommen (48, 51, 52). Diese sind dabei nach psychologischen Gesichtspunkten weitestgehend in die Elemente zu zerlegen, um zu den körperlichen und geistigen Anlagen zu gelangen. Die Unterlagen konnten aus eigener langjähriger Erfahrung als Gießereileiter und aus der praktischen Anschauung des Berufes geschöpft werden. Als Grundlage für die psychotechnische Betrachtung diente die Ausbildung im psychotechnischen Institut der technischen Hochschule zu Charlottenburg.

Bei den folgenden Betrachtungen sind die beim Formen und Gießen auftretenden Vorgänge (22, 31, 46, 58) als bekannt vorausgesetzt. Die Hauptarbeit ruht in jedem Falle in Händen des Handformers, so daß es berechtigt erscheint, ihn in den Vordergrund zu rücken. Die übrigen Gießereifacharbeiter, Maschinenformer, Schablonenformer und Kernmacher sollen im Anschluß daran behandelt werden.

1. Arbeitsauftrag und Arbeitsvorbereitung.

Ehe mit der Formarbeit begonnen werden kann, ist Art und Umfang der auszuführenden Arbeit sowie der dafür einzusetzende Entgelt festzulegen. Dies geschieht durch Aushändigen der Stücklohnkarte und des Modelles. Anschließend werden in einer Besprechung mit dem Meister Formverfahren und Gießart festgelegt. Der Former muß sich dabei in den ganzen Ablauf des Formverfahrens hineindenken und sich eine klare Vorstellung der einzelnen Vorgänge machen können. Alle Unklarheiten hat er zur Sprache zu bringen, damit ein glatter Verlauf der Arbeit gesichert ist.

Die Stücklohnkarte gibt ihm weiter an, wieviel Geld er für seine Arbeit erhält und ist damit ausschlaggebend für seine Verdiensthöhe. Er muß sich daher auch über die Zeitdauer der Arbeit klargeworden sein und in der Verhandlung über den Akkord die Gründe für eine abweichende Ansicht beibringen können. Schließlich muß er sich mit seinem Meister oder dem Akkordbeamten auf einen Stücklohn einigen und dabei die erforderliche Einsicht zeigen. Die sachlich einwandfreiesten Verfahren zur Arbeitszeitermittlung in der Gießerei auf Grund von Zeitstudien, die jeden Meinungsstreit ausschalten, stecken noch in den ersten Anfängen.

Neben den allgemeinen Fähigkeiten zur Erfassung eines Auftrages wie Aufmerksamkeit, Gedächtnis für sinnvolle Zusammenhänge bedarf es eines starken Vorstellungsvermögens. Ferner muß der Former bis zu einem gewissen Grade die Fähigkeit zum Verhandeln besitzen, sowie seine eigenen Gedanken und Wünsche ausdrücken können. Bei mangelnden Fähigkeiten werden die gegebenen Anweisungen nicht beachtet, und sofort besteht die Gefahr des Fehlgusses.

Es genügt, wenn nur einer von den möglichen Fehlern gemacht wird, um das Gußstück unbrauchbar zu machen. Der Fehlguß bringt dem Manne einen Verdienstausfall, denn es ist selbstverständlich, daß er nur einen Teil der aufgewendeten Zeit vergütet erhalten kann. Ein Verdienstausfall schafft jedoch immer Unzufriedenheit, die eine Schädigung der Arbeitsfreude zur Folge hat. Auch dann, wenn er starr an seiner Meinung festhält, also nicht die erforderliche Einsicht besitzt, ist ihm die Arbeitsfreude genommen, weil er sich stets als übervorteilt betrachtet. Dieses Gefühl wird auch nicht weichen, wenn er sich später davon überzeugt, daß er einen angemessenen Verdienst erzielt hat. Die Unlust erzeugt auf die Dauer Verbissenheit und wirkt auch nachteilig auf die Güte der Arbeit ein.

Nach der Übernahme der Arbeit ist stets die Arbeitsvorbereitung zu treffen. Diese soll in modernen Betrieben dem Arbeiter weitgehendst abgenommen sein. Leider ist das heute in den Handformereien noch kaum der Fall. Das Modell ist ihm zwar angeliefert, aber der Formkasten dazu liegt fast stets außerhalb der Gießerei auf einem Stapelplatz. Zum Aussuchen des für sein Modell passenden Kastens nimmt er entweder das Modell mit, oder er richtet sich nach den gemessenen Hauptausdehnungen, sofern das Modell zum Tragen zu umfangreich ist. Er wählt aus den vorhandenen Kasten den geeignetsten aus, wobei er berücksichtigen muß, daß rings um das Modell genügend Platz für Sand bleiben muß, und daß der Einguß und der Steiger untergebracht werden können. Er muß dabei bestrebt sein, mit dem kleinsten Kasten auszukommen, damit die später aufzunehmende Sandmenge und damit die Stampfarbeit möglichst gering wird.

Ein gutes Schätzungsvermögen und ein Gedächtnis für Abmessungen kommen ihm dabei sehr zustatten. Unbedingt nötig ist ein starkes Raumvorstellungsvermögen, sonst wählt er sicher den falschen Kasten. Wenn der Kasten zu klein ist, entsteht unweigerlich Ausschuß, es sei denn, daß der Meister oder er frühzeitig den Fehler bemerkt. Ist der Kasten zu groß, dann dauert das Stampfen länger als vorgesehen, und die Verdienstmöglichkeit wird verringert.

Wenn der Former seinen Formkasten am Arbeitsplatz hat, wohin er in vielen Gießereien durch ungelernte Arbeiter gebracht wird, muß er weitere Überlegungen anstellen. Nur kleine Formkasten halten den Sand mit den vier Seitenwänden, alle anderen sind zu verbauen, d. h. es sind innen Zwischenwände, Schoren genannt, anzubringen, die sich dem Modell anzupassen haben. Sie sollen auch den später noch zu stellenden Sandhaken Halt geben.

Auch in diesen Fällen ist ein großes Maß von räumlichem Vorstellungsvermögen erforderlich. Falsch eingebaute Schoren gefährden immer das Gußstück. Selbst wenn der Fehler noch vor dem Guß bemerkt wird, entstehen Kosten und Zeitverlust. Schwierige Stücke, die mehrteilige Kasten, Aufbauten oder Abzüge erfordern, werden nur an ganz erfahrene, besonders befähigte Former ausgegeben.

2. Formen.

Das Formen ist die Haupttätigkeit des Formers und hat ihm seine Berufsbezeichnung gegeben. Der Zweck seiner Arbeit ist jedoch nicht die Form, sondern das Gußstück. So ergibt sich das eigentümliche Bild, daß der Former seine ganze Kraft auf eine Arbeit verwendet, die später zerstört werden muß, um das eigentliche Ziel seiner Bemühungen, das Gußstück, freizugeben. Es werden sich im Laufe der Untersuchung noch eine Reihe Gegensätze herausstellen, die auf die Psyche dieses Berufsstandes nicht ohne Einfluß sind.

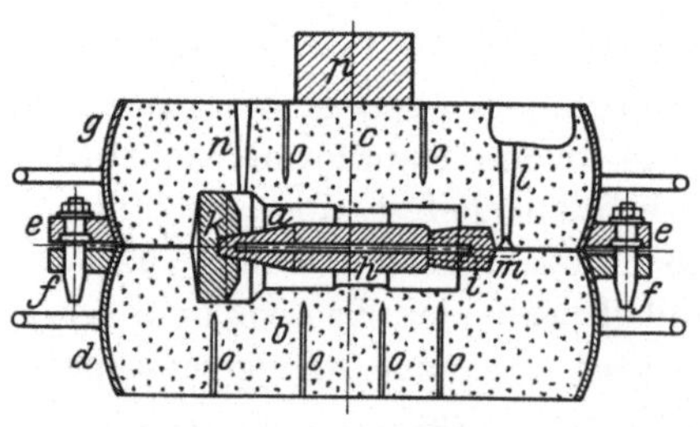

Abb. 1. Gießfertige Form.

Die Form oder Gußform (Abb. 1) besteht aus einem Formstoff und bildet die äußere Begrenzung eines Hohlraumes (*a*), der in Gestalt und Abmessung dem gewünschten Gußstück entspricht. In Abb. 1 setzt sie sich aus dem Unterkasten *b* und dem Oberkasten *c* zusammen. Die Maße der Form sind um die gesetzmäßig eintretende Schwindung beim Abkühlen des Gußstückes vergrößert.

Für den Handformer ist der Sand und besonders der Modellsand der Aufbaustoff (37, 72) für seine Form, der durchweg mit maschinellen Einrichtungen durch angelernte Arbeiter aufbereitet wird. Da jedoch keine sichere Gewähr für gleichmäßige und richtige Zusammensetzung, insbesondere wegen der Ungleichmäßigkeit der angelieferten Rohstoffe besteht, muß der Former leider heute noch selbst beurteilen können, ob die gelieferten Formstoffe für seine vorliegenden Arbeiten geeignet sind oder nicht.

Der gute Modellsand soll plastisch sein, damit die feinsten Einzelheiten des Modelles wiedergegeben werden. Er soll durch Stampfen oder Pressen die nötige Festigkeit erhalten, um zu verhindern, daß der Sand durch Anheben oder Wenden des Kastens ausfällt. Ferner darf eine Beschädigung der Form während des Aushebens der Modelle oder während des Einströmens des flüssigen Eisens nicht eintreten. Trotzdem muß er luftdurchlässig genug sein, um die während des Gießens entstehenden Gase durchzulassen. Bei den hohen Temperaturen des flüssigen Eisens muß er Beständigkeit zeigen, um saubere Abgüsse zu ergeben, und diese müssen sich nach dem Erkalten ohne Schwierigkeit aus der Form befreien lassen. Schließlich ist die Größe der einzelnen Körner auf das Aussehen der Gußstücke und auf die Luftdurchlässigkeit der Form von Einfluß. Die Körnung soll gleichmäßig und für bestimmte Fälle bestimmte Werte haben. Ist das Korn zu grob, so wird die Oberfläche des Gußstückes zu rauh, ist es zu fein, so leidet die Luftdurchlässigkeit.

Das Urteil über die Brauchbarkeit eines Sandes baut sich auf die Erfahrungen des Formers auf, und er hat jeden Sand zurückzuweisen, der seinen Ansprüchen nicht genügt. Die Prüfung erfolgt derart, daß er eine Probe in der Hand zusammenballt, wobei er einen deutlichen Unterschied an den verschiedenen Sanden wahrnimmt. Ein lockerer, luftiger Sand wird sich stärker zusammendrücken lassen, als ein dichter, undurchlässiger. Nach dem Wiederöffnen der Hand darf der Sandballen nicht zerfallen, auch nicht an der Hand kleben bleiben oder sich naß anfühlen, sondern er muß die Hautfalten deutlich wiedergeben und dem Zerdrücken einen gewissen Widerstand entgegensetzen. Nur dann hat er die richtige Festigkeit und Bildsamkeit. In beiden Fällen sind gutes Muskelgefühl und Gedächtnis erforderlich. Die Korngröße ist durch Reiben zwischen den Fingerspitzen sehr gut zu beurteilen, wozu ein gutes Fingerspitzengefühl wesentlich ist.

Für eine einwandfreie und sachgemäße Durchführung der Formarbeit ist gutes, brauchbares Werkzeug Vorbedingung. Als Werkzeug kann auch die Sandschaufel gelten, die dazu dient, den Sand in den Formkasten zu füllen. Sie unterscheidet sich selten von der in anderen Berufen üblichen Form. Zum Aufsieben des Modellsandes bedient sich der Former eines runden Siebes von 400—500 mm Durchmesser, das verschiedene Maschenweiten haben kann.

Das Stampfen der Form erfolgt durch Handstampfer, die je nach ihrem Aussehen Spitzstampfer (Abb. 2a) oder Flachstampfer (Abb. 2b) genannt werden. Erstere werden zum Stampfen am Rande des Kastens und für die verschiedenen Schichten, letztere zum Plattstampfen der letzten Schicht gebraucht. Um die Durchlässigkeit der gestampften Form für Gase, vom Former „Luft“ genannt, zu erhöhen, wird mit einem langen, spitzen Stahldraht an verschiedenen Stellen in die Form gestochen. Dieser Draht heißt Luftspieß (Abb. 3c).

Zum Losklopfen des Modelles dient ein Hammer. Zum Ausheben aus der Form werden Aushebeeisen (Abb. 2d) mit Gewinde oder Spitzen am unteren Ende, zum Anfeuchten empfindlicher Kanten Wasserpinsel (Abb. 2e) oder ein Wasserzerstäuber (Abb. 2g) benutzt. Recht

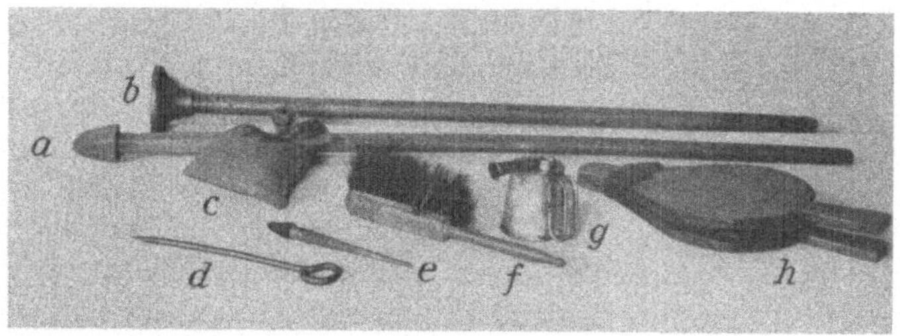

Abb. 2. Formerwerkzeug.

mannigfaltig sind die Polierwerkzeuge zum Nacharbeiten und Glätten (Polieren) der Form. Es sind dies:

Polierschaufel (Truffel) . . . . Abb. 3a
Lanzetten verschiedener Form . . . . Abb. 3d
Sandhaken „ „ . . . . Abb. 3b
Polierlöffel „ „ . . . . Abb. 3e
Polierknöpfe „ „ . . . . Abb. 3f und g

Die ungetrockneten Sandformen werden vielfach noch mit Holzkohlen- oder Graphitstaub eingestäubt, indem durch einen Staubbeutel (Abb. 2c) eine Wolke erzeugt wird, die sich auf der Form niederschlägt. Gilt es, Modell oder Aufstampfboden zu säubern, so findet der Handfeger oder Handbesen (Abb. 2f) Verwendung. Zum Schluß ist die Form noch auszublasen, um die hineingefallenen Sandteilchen zu beseitigen, was mit Hilfe eines Blasebalges (Abb. 2h) ausgeführt wird.

Betrachten wir einmal genauer diese Werkzeuge, besonders die der Abb. 3. Diese kleinen, zarten und schlanken Instrumente, von denen einige nur wenige Gramm wiegen, sollen von einer derben Arbeiterfaust geführt werden. Dieselbe ungestüme Kraft, die soeben schwere Formkasten und Lasten zu heben vermochte, muß im nächsten Augenblick leicht, elastisch und sicher ein Instrument führend, den Formstoff modellieren, einen Stoff, der nur eine geringe Bildsamkeit besitzt. Darin liegen arbeitstechnische Gegensätze und berufliche Schwierigkeiten, die hohe Anforderungen an die Fähigkeiten des Formers stellen.

Alle Werkzeuge sollen handlich und griffgerecht liegen, damit Zeitverluste durch Suchen und falsche Griffe vermieden werden. Leider sind unsere heutigen Gießereibetriebe noch weit davon entfernt, weil es an dem nötigen Verständnis fehlt.

Ordnung und Sauberkeit des Arbeitsplatzes sollte eigentlich in der Gießerei eine besonders große Rolle spielen, da die Formen außerordentlich empfindlich und die Ausschußgefahren sehr groß sind. Der Former selbst sträubt sich in den meisten Fällen am stärksten gegen

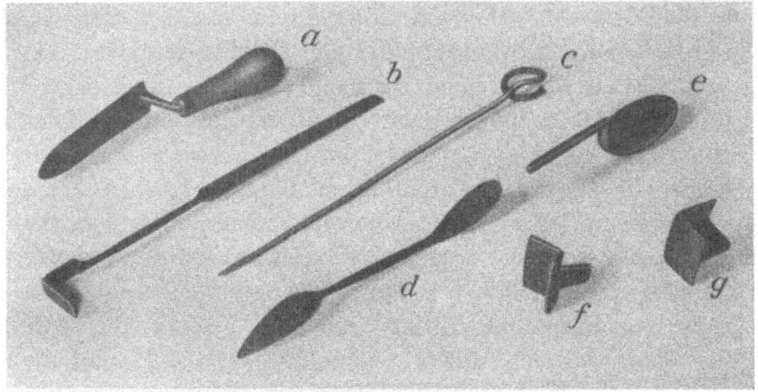

Abb. 3. Formerwerkzeug.

eine Änderung seiner althergebrachten Arbeitsverfahren, so daß neben einer Belehrung fast stets ein kräftiger Druck erforderlich ist.

Unter diesen Umständen sind die wenigen einsichtig und fortschrittlich gesinnten Arbeiter, die Vorteil aus dieser Erkenntnis zu ziehen vermögen, ihren Arbeitskollegen weit überlegen, sie erzielen daher höhere Verdienste. Sie besitzen das in diesem Falle erforderliche Dispositionsvermögen und den Sinn für Ordnung und Sauberkeit.

Der eigentliche Formvorgang wickelt sich so ab, daß sich die Arbeitsgänge wie auf S. 9 angegeben aneinanderreihen. Ein von der Modelltischlerei angeliefertes geteiltes Holzmodell wird mit der Teilfläche auf ein Brett, Aufstampfboden genannt, gelegt und darüber ein Formkastenteil, der Unterkasten (Abb. 1 d) gestellt. Hierbei sind schon eine Reihe Überlegungen anzustellen.

Es ist der Platz im Formkasten stets zweckmäßig auszunutzen und mit möglichst vielen Modellen zu belegen, um die Herstellungskosten zu vermindern; jedoch muß ausreichender Platz für Einguß, Anschnitte und Steiger vorgesehen werden. In der Vorstellung des Formers muß folglich das Bild des fertigen Unterkastens vorhanden sein, wofür ein starkes räumliches Vorstellungsvermögen Bedingung ist. Wird zu wenig Platz gelassen, so liegt Ausschußgefahr vor, wird zuviel Platz gelassen, so fällt der Verdienst, da der Former nicht den Kasten, sondern die gelieferten Gußstücke bezahlt erhält.

Nur selten ist es möglich, das Modell so zu teilen, daß die Modellhälfte glatt auf dem Boden liegt, d. h. daß die Teilungsfläche zwischen den Formhälften eine Ebene bildet. In solchen Fällen verzichtet man auf die Teilung des Modelles und bettet es zum Teil in den Gießereiboden oder in einen Formkasten so weit ein, daß eine Formteilungsfläche entsteht, die ein Herausheben des Modelles ohne Beschädigung der Form ermöglicht. Diese Bedingung ist erfüllt, wenn die durch Vertikalprojektion entstehende Umrißlinie die gewünschte Teilungsfläche am Modell trifft. Diese Teilungsfläche muß an den Stellen in eine Ebene übergehen, auf denen später der Oberkasten ruht. Der Übergang hat allmählich zu erfolgen, da steile oder gar senkrechte Wände die Trennung von dem später darüber aufzustampfendem Oberkasten erschweren.

Ein großer Teil der vorkommenden Gußstücke hat Hohlräume, Durchbrechungen und Ansätze, die bereits am Modell vorgesehen sind. Die Herstellung der Form für solche Stücke ist außerordentlich schwierig, oftmals auf den ersten Blick unmöglich. Abgesehen von diesen Hohlräumen und Durchbrechungen ist auch die äußere Gestaltung der Gußstücke vielfach derart, daß ein gleichgestaltetes Modell nicht aus der Form gehoben werden kann. Es stehen dem Former in solchen Fällen verschiedene Hilfsmittel zur Verfügung, die über die Schwierigkeiten hinweghelfen. Zu den Hilfsmitteln gehören: Kernstücke (Abb. 1k), lose Teile am Modell, Abdämmungen, sowie Abzüge, ferner Teilung der Form in mehr als zwei Teile unter Verwendung von mehrteiligen Kasten. Diese Auslese kann auf Vollständigkeit keinen Anspruch machen, sie bringt jedoch zum Ausdruck, welche Mannigfaltigkeit beim Formen auftreten kann.

Wie ist es dem Former nun möglich, das richtige Formverfahren auszuwählen, wenn ihm ein Modell übergeben wird? Die fachliche Schulung allein reicht nicht aus. Es gehört vielmehr ein klares Programm dazu, das nur aufgestellt werden kann, wenn die erforderlichen geistigen Fähigkeiten vorhanden sind, insbesondere wenn alle Arbeitsvorgänge vor dem geistigen Auge wie ein Film zum Abrollen gebracht werden können, so daß sie einzeln der Begutachtung zugänglich sind.

Hierzu sind Aufmerksamkeit, ein bedeutendes Maß von räumlichem Vorstellungsvermögen und ein sicheres Urteil unerläßlich.

Neben diesen formtechnischen Gesichtspunkten dürfen die gießtechnischen nicht vernachlässigt werden, die durch das Verhalten und die Eigenschaften des Gußeisens bedingt sind.

Es soll nicht unerwähnt bleiben, daß von einem Former verlangt werden müßte, nach einer Konstruktionszeichnung zu arbeiten, damit auch ohne Modell die ganzen Überlegungen angestellt werden können. Leider gehören aber diese Fähigkeiten häufig zu den Seltenheiten.

Nunmehr beginnt als eigentliche handwerkliche Tätigkeit das Aufstampfen der Form. Das Modell wird zuerst unter Benutzung des Handsiebes mit einer dünnen Schicht Modellsand bedeckt. Liegen höhere Modelle mit steilen Wänden vor, so muß der Sand von Hand angehäufelt und leicht angedrückt werden, so daß das Modell vollständig eingehüllt ist. Wenn erforderlich, ist der Form durch Sandhaken größerer Halt zu geben. Sodann wird mit der Schaufel Haufensand, der von den ausgeleerten Formen des Vortages stammt, eingefüllt und gleichmäßig über den ganzen Kasten verteilt.

Die Verdichtung erfolgt durch richtig bemessene und richtig verteilte Stampferstöße mit dem Spitzstampfer (Abb. 2a) über die ganze Kastenfläche hinweg, besonders aber an den Kastenwänden entlang. Wenn die erforderliche Festigkeit erreicht ist, folgt eine zweite Schicht, dann eine dritte, bis schließlich der Formkasten nahezu gefüllt ist. Zum Schluß überhäuft man den Kasten mit Formsand und stampft mit dem Flachstampfer (Abb. 2b) fest. Nach dem Abstreichen des überflüssigen Sandes mit einem Lineal wird Luft gestochen, d. h. es werden eine Reihe Luftkanäle durch Stoßen mit dem Luftspieß (Abb. 3c) hergestellt.

Das Aufstampfen ist für das Gelingen der ganzen Arbeit von ausschlaggebender Bedeutung. Leider ist ein großer Teil des in der Gießerei entstehenden Ausschusses immer noch auf Stampffehler zurückzuführen. Die gestampfte Form muß eine Reihe von Eigenschaften besitzen, die der Former kennen muß, und die von ihm mit Sicherheit erzielt werden müssen. Die Form soll so fest sein, daß sie dem Spülen des strömenden und dem Druck des ruhenden Eisens genügend Widerstand entgegensetzt, aber trotzdem so locker sein, daß die während des Gießens entstehenden Gase ohne Schaden für die Form durch den Sand entweichen können. Die Festigkeit und Luftdurchlässigkeit beeinflussen sich gegenseitig in schädlichem Sinne.

Jede lockere Stelle einer Form markiert sich später am Gußstück. Entweder ist das Gußstück ausgebeult, es hat getrieben, oder Teile der Form sind fortgespült, setzen sich irgendwo fest und hinterlassen „Sandstellen", die als Löcher in Erscheinung treten. Auf Abb. 4c ist bei xx der Sand fortgespült und bei x hängen geblieben, so daß hier ein Loch im Gußstück entstand, wodurch dieses unbrauchbar wurde.

Das Treiben rührt daher, daß der lockere Sand unter dem statischen Druck des Eisens ausweicht, so daß die Abmessungen des Gußstückes größer ausfallen als die des Modelles. An solchen getriebenen Stellen bildet sich vielfach Grat (x Abb. 5b), der auf Risse in der Form zurückzuführen ist. Diese Gußstücke können in vielen Fällen zwar

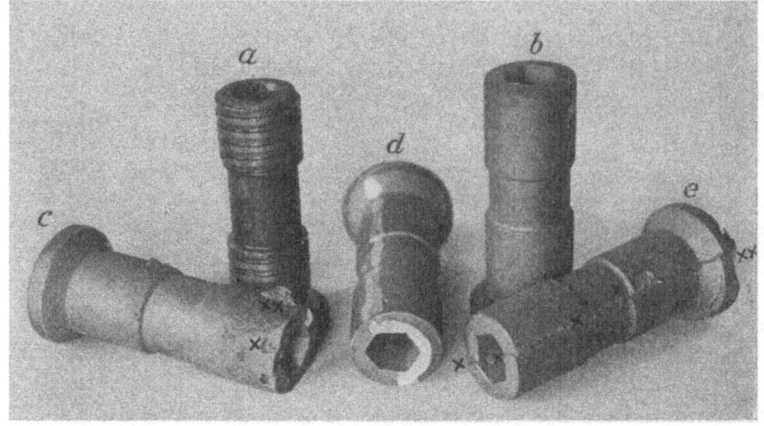

Abb. 4. Fehlerhafte Gußstücke

gebraucht werden, aber die Beule stellt einen empfindlichen Materialverlust dar. Die Erscheinung des Treibens tritt an den tiefsten Stellen

Abb. 5. Fehlerhafte Gußstücke.

der Form naturgemäß am stärksten auf, so daß beim Stampfen darauf Rücksicht genommen werden muß. Zu beachten ist auch, daß starkwandige Stücke stärker zum Treiben neigen als dünnwandige.

Aus dem Bestreben heraus, die vorstehend gekennzeichneten Fehler zu vermeiden, verfällt ein schlechter Former in das Gegenteil, er stampft zu fest. Während des Gießens macht er dann die erschreckende Wahrnehmung, daß die Form kocht, d. h. es treten die entstehenden Gase nicht durch den Sand nach außen, da ihnen dieser Weg durch zu festes Stampfen versperrt ist, sondern sie arbeiten sich durch das flüssige Eisen, welches dann in starke Wallung versetzt wird. Diese Erscheinung kann so stark werden, daß das Eisen unter starken Geräuschen und heftigem Funkensprühen aus der Form geschleudert wird. Die letzten Gasblasen bleiben im erstarrenden Gußstück stecken und verursachen Hohlräume (x Abb. 5a u. e), die es zum Ausschuß machen. Nicht immer zeigen sich diese Hohlräume an der Oberfläche, vielfach stecken sie im Gußstück und treten erst während der Bearbeitung ans Licht (Abb. 5a), nachdem schon Kosten dafür aufgewandt sind.

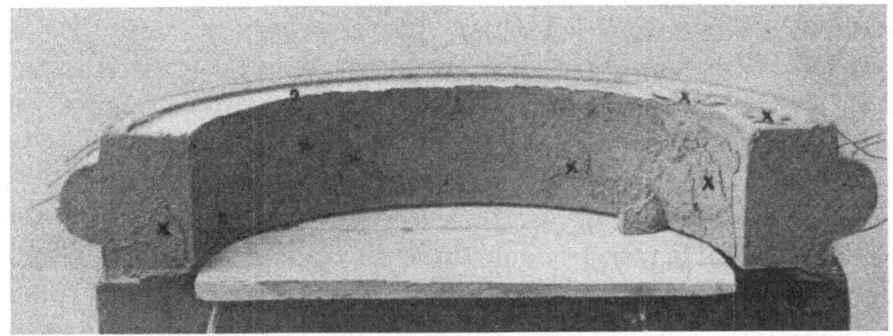

Abb. 6. Gußstücke mit Schalstellen.

Eine andere Erscheinung ist ebenfalls auf zu festes Stampfen zurückzuführen, es sind die Schülpen oder Schalen. Sobald einzelne Stellen in der Form zu fest gestampft sind, sprengen die Gase während des Gießens den Formsand ab, das Eisen tritt an dessen Stelle. Diese Schalstellen (x Abb. 6) lassen deutlich die gefährlichen Stampferstöße erkennen. Der losgelöste Sand setzt sich irgendwo fest und gibt Löcher im Gußstück. In fast allen Fällen sind auch diese Stücke Ausschuß.

Erforderlich für das gute Gelingen einer Form ist daher das gleichmäßige Stampfen, besonders in der Nähe des Modelles. Für das Stampfen wird der Stiel des Stampfers mit der rechten Hand gefaßt und mit bestimmter Kraft auf eine bestimmte Stelle der Form gestoßen. Da die Form weich ist, kann aus dem Widerstand des Sandes kein ausreichender Schluß auf die Festigkeit gezogen werden. Es ist vielmehr die ganze Aufmerksamkeit auf die richtige Stoßenergie zu legen. Erst wenn die Form vorgestampft ist, bietet der Widerstand beim Aufstoßen einen Anhalt.

Es werden demnach an die Bewegungsfähigkeit, an eine feine Empfindung in den Gelenken und Muskeln, verbunden mit einem guten Gedächtnis, sowie an Impulsbeherrschung und Zusammenarbeit von Auge und Hand erhebliche Anforderungen gestellt (50)[1]. Ein wesentlicher Teil der vom Former zu leistenden Arbeit ist Stampfarbeit, so daß Übungsgelegenheit reichlich gegeben ist. Da jedoch Stampffehler immer wieder vorkommen, scheint die Übungsfähigkeit gering zu sein, während die Veranlagung um so entscheidender ist.

Für die Kontrolle über die Festigkeit der Form gibt es zwar heute auch Meßgeräte, wie den Formenprüfer nach Treuheit (76), aber jeder Former muß von sich aus in der Lage sein, die Festigkeit seiner Form beurteilen zu können. Der Treuheitsche Prüfer beruht auf demselben Prinzip wie die Kugeldruckprobe nach Brinell. Eine Kugel wird mit bestimmter, gleichmäßiger Kraft in den Sand gedrückt und dringt um so tiefer ein, je weicher die Form ist. Aus der Eindrucktiefe kann auf die Festigkeit geschlossen werden. Der Former hingegen benutzt die Kuppe seines Fingers und beachtet in erster Linie den Widerstand, den die Form dem Eindringen entgegensetzt oder mit anderen Worten, die Kraft, die er aufwenden muß, um eine gewisse Eindrucktiefe zu erreichen.

Er benötigt dazu wiederum eine feine Empfindung in den Gelenken und Muskeln, ferner ein gutes Muskelgedächtnis, um die verschiedenen Proben miteinander vergleichen zu können. Das Urteil darüber, ob die Form zu fest oder zu lose ist, baut sich auf seine Erfahrung auf.

Nachdem der Unterkasten aufgestampft ist, kann die Form mit Modellhälfte und Aufstampfboden gewendet und auf den aufgelockerten Boden der Gießerei abgestellt werden, wobei zugleich der Aufstampfboden frei wird. Bei kleinen Kasten geschieht das Wenden von Hand, bei großen hingegen ist ein Kran erforderlich. Wurde das Modell in den Gießereiboden eingebettet, so fällt natürlich das Wenden fort. Die Teilfläche ist nunmehr sauber mit der Polierschaufel zu glätten, wobei oftmals noch Änderungen vorgenommen werden müssen. Es folgt Aufwerfen von Streusand, d. i. feiner getrockneter, magerer Sand, damit der Formsand des Oberkastens in der Teilfuge nicht klebt. Nach dem Säubern des Modelles und nach Auflegen der zweiten Modellhälfte liegt die Form ähnlich vor, als wenn das Modell halb in dem Boden eingebettet wäre.

Der Oberkasten (Abb. 1g) kann nunmehr aufgesetzt werden, so daß er mit den Stiften (*f* Abb. 1) Führung in den Löchern des Unterkastens erhält. Zum Formen im Boden würden eingeschlagene Pflöcke die Lage des Kastens sichern. Sodann wird das Modell des Eingusses (*l* Abb. 1) an die schon vorher bestimmte Stelle so tief in den Sand des

[1] S. 25.

Unterkastens gedrückt, daß es frei stehen bleibt. Dabei ist nochmals der spätere Lauf des Eisens zu überlegen. Das Modell für den Steiger (*n* Abb. 1) kann entweder ebenfalls in den Sand gesteckt oder nach der ersten Sandschicht auf das Modell gestellt und durch Andrücken von Hand gehalten werden.

Das Aufstampfen geht in genau derselben Weise wie beim Unterkasten vonstatten. Auch hier folgt auf das Spitzstampfen das Plattstampfen, dann das Abstreichen und schließlich das Luftstechen. Die Einguß- und Steigermodelle können nach leichtem Losklopfen herausgezogen werden. An die obere Öffnung des Eingusses schließt sich bei kleinen Formen unmittelbar der Eingußtrichter an, bei großen wird er besonders aufgebaut, wenn die Form fertig ist.

Das Abheben des Oberkastens vom unteren Teil der Form geht bei geteilten Modellen glatt vonstatten, denn die eine Modellhälfte bleibt im Oberkasten hängen, der dann gewendet und auf einem freien Platz abgelegt wird. Die kleinen hierbei noch auftretenden Beschädigungen der Form können mit Leichtigkeit unter Benutzung der Polierschaufel beseitigt werden.

Die nächste Tätigkeit, das Modellausheben, ist besonders bedeutungsvoll für das Gelingen der Formarbeit. Ihre sichere Ausführung kennzeichnet in hohem Maße den tüchtigen Handformer, insbesondere deshalb, weil Gewicht und Größe der Modelle so sehr verschieden sind. Die kleinsten nur wenige Gramm schweren Modelle müssen ebenso einwandfrei aus dem Sande gezogen werden wie Modelle, für die eben noch die menschliche Kraft ausreicht. In der Großformerei ist sogar die Anwendung von Kränen hoher Tragkraft für diese Arbeit eine regelmäßige Erscheinung. Alle diese wechselvollen Tätigkeiten soll ein und dieselbe Hand, soll ein und derselbe Arm ausführen können. Dabei ist die Haltung (Abb. 7) durchaus ungünstig und ermüdend, da der Oberkörper gebeugt werden muß, bis der Rücken nahezu horizontal liegt. In dieser

Abb. 7. Modellausheben.

gebückten Haltung ist mit beiden Händen eine schwierige Arbeit zu leisten, die mit mehr oder weniger Kraftanstrengung verbunden ist.

Ehe das eigentliche Modellausheben erfolgen kann, muß der Former das Modell sorgfältig losklopfen. Er erreicht dies bei kleinen Modellen durch leichte Schläge an das eingeschraubte Aushebeeisen, bei großen wird er zum Vorschlaghammer greifen müssen. Durch das Klopfen verändert sich die Form natürlich ein wenig und erleichtert das Herausheben des Modelles.

Es soll nicht unterlassen werden, hier auf die Gefahren hinzuweisen, die das Klopfen mit sich bringt. Nur zu leicht ist der Former, besonders der bequeme oder der ängstliche, geneigt, stärker zu klopfen, als unbedingt notwendig ist. Er erleichtert sich zwar das Herausheben des Modelles, aber er vergrößert die Maße und damit das Gewicht des Abgusses. Eisenverluste und in vielen Fällen auch erhöhte Bearbeitungskosten sind die Folge. Eine Kontrolle über die Größe des Losklopfens ist praktisch nicht durchführbar, so daß man in dieser Hinsicht von der Sorgfalt des Formers abhängig ist.

Der Vorgang des Aushebens gestaltet sich derart, daß der Former die in das Modell eingeschlagenen oder eingeschraubten Aushebeeisen als Handhabe benutzt (Abb. 7). Er beugt sich über die Form, so daß die Augen senkrecht über dem Modell sich befinden, faßt das Aushebeeisen mit der rechten Hand und hebt das Modell langsam, gleichmäßig und ruhig an, während er durch leichte Schläge mit dem Hammer das Modell erschüttert. Dieses schwebt dabei nach ganz kurzer Zeit in dem durch das Losklopfen geschaffenen Spalt. Dieser Spalt erweitert sich fortgesetzt entsprechend der Konizität des Modelles und erhöht dadurch die Bewegungsmöglichkeit in der Form. Mit den Augen ist der von oben sichtbare Spalt zu beobachten, es ist darauf zu achten, daß er überall gleich groß ist. In diesem Falle besteht die geringste Gefahr, die Formwände zu beschädigen. Eine leichte seitliche Hin- und Herbewegung ist vielfach erwünscht, um durch eine Fühlung mit dem Sand das Auge zu unterstützen. Jede ungeschickte Bewegung jedoch, jedes Zittern, beschädigt die empfindliche Sandform und bringt Gefahren für das Gußstück mit sich. Besonders schmale Vorsprünge und die obere Sandkante sind den Beschädigungen ausgesetzt, da sie leicht an dem praktisch nicht ganz glatten Modell hängen bleiben. Durch Anfeuchten mit Wasser und durch Stecken von Formstiften kann der Halt erhöht werden, aber trotzdem erfordert das Herausheben ein großes Maß von Aufmerksamkeit, Ruhe und Sicherheit in der Bewegung von Hand und Arm, sowie Zusammenarbeit zwischen Auge und Hand.

Größere Modelle werden mit beiden Händen an zwei Aushebeeisen gefaßt, große vielfach mit Hilfe eines zweiten Formers ausgehoben und ganz große durch den Kran herausgezogen, wobei die Form oft stark beschädigt wird. In vielen Fällen müssen lose Modellteile, wie Nocken, Augen oder Leisten einzeln aus der Form herausgeholt werden, wozu ebenfalls äußerste Ruhe und Sicherheit der Handbewegung erforderlich ist. Selbstverständlich müssen sämtliche Modellteile aus der Form herausgenommen werden können, wozu die Ausführung des Modelles die Möglichkeit bieten, d. h. „formgerecht“ sein muß. Bei ungeteilten Modellen findet durch das Abheben des Oberkastens gleichzeitig ein Herausziehen des Modelles aus einer Formhälfte statt, wobei diese stets mehr oder weniger leidet, da ein Losklopfen unmöglich ist.

Ohne Nacharbeit gelingt jedoch keine Form in der Handformerei. Immer hat der empfindliche Sand an irgendeiner Stelle Schaden gelitten. Durch fortgesetztes Vergleichen zwischen dem Modell und der Form, zwischen Positiv und Negativ, sind die Fehler zu ermitteln. Dieses Vergleichen erfordert ein räumliches Vorstellungsvermögen besonderer Art, ein Denken im Negativen. Mit der Polierschaufel werden die beschädigten Kanten wieder angeflickt, Löcher werden ausgefüllt, und nicht einwandfrei wiedergegebene Einzelheiten von Hand wieder hergestellt. Dabei muß die geflickte Stelle einwandfrei sein, sonst entsteht ebenfalls Ausschuß. In Abb. 5c z. B. fehlt bei x der Übergang, so daß das Gußstück verworfen werden mußte. Diese Tätigkeit ist eine Modellierarbeit an einem äußerst empfindlichen Material mit sehr einfachen Werkzeugen. Der Former mit sicherer Hand und ruhigen Bewegungen ist dem weniger geschickten Kollegen weit überlegen, da er in kürzerer Zeit eine bessere Form und damit ein besseres Gußstück erzielt.

Auch eine Reihe weiterer Arbeiten erfordern eine ruhige Hand. Empfindliche Kanten und Ecken werden durch Stiftestecken gesichert. Ist die Hand beim Einstecken eines Formstiftes in einem kleinen Vorsprung nicht absolut ruhig, so bricht der Vorsprung ab und muß in langer mühevoller Arbeit wieder angesetzt werden. Vielfach gelingt das nicht vollständig, und das Gußstück wird fehlerhaft. Die während des Flickens in die Form gefallenen Sandteile müssen mit dem Sandhaken (Abb. 3b) sorgfältig herausgeholt werden. Dabei beschädigt jede kleine ungewollte Bewegung die Form und richtet Unheil an. Sogar zum Luftstechen mit dem Luftspieß ist eine sichere Hand notwendig.

Immer gehört zu einer sicheren und ruhigen Hand die Gewandtheit aller Bewegungen und ihre Kontrolle durch das Auge bei hoher Aufmerksamkeitsleistung. Fehlen diese Fähigkeiten, so ist bei jedem Handgriff eine Ausschußgefahr gegeben. Was an einer Stelle mühsam gut gemacht ist, wird an anderer Stelle wieder zerstört. Die Arbeit kommt nicht vorwärts, Ärger, Verdienstausfall und Ausschuß sind die Folge.

Wenn der Oberkasten fertig ist, wird das Modell aus dem Unterkasten herausgehoben und der Unterkasten ebenfalls fertiggemacht. Der Unterkasten enthält die Anschnitte und Einläufe, die mit dem Poliereisen in die Teilfläche eingeschnitten werden und später das Eisen vom Einguß zur Form führen. Die Überlegungen, die der Former hierbei anzustellen hat, gehen in den meisten Fällen über seine Fähigkeiten hinaus, da sie Intelligenz, hohes technisches Verständnis und auch metallurgisches Wissen erfordern. Die häufig vorkommenden einfachen Fälle erledigt er in Anlehnung an frühere Arbeiten, während er sich in schwierigeren Fällen an seinen Meister wendet. Wie bereits erwähnt, wird bei ungeteilten Modellen die Form oftmals so stark beschädigt, daß ganze Teile der Form neu aufgebaut werden müssen. Hier ist also frei nach dem Modell die Form zu modellieren, wozu fast stets die Werkstattzeichnung hinzuzuziehen ist. Bei diesen Arbeiten versagen Former mit unsicherer Hand oder mangelndem Vorstellungsvermögen vollständig.

Ehe die Form zusammengebaut werden kann, sind die Kerne oder Kernstücke einzusetzen, die die Hohlräume im Gußstück schaffen.

Als Anhalt hierfür dienen die Kernmarken. Sie sind am Modell durch schwarzen Anstrich gekennzeichnet und haben während des Formens den Platz geschaffen, der den Kernen die richtige Lage gibt. Vor Beginn des Einbaues ist zu überlegen, in welcher Reihenfolge das Einlegen erfolgen soll. Stücke mit vielen Kernen stellen an das Vorstellungsvermögen des Formers sehr hohe Anforderungen. Oft legt sich Kern auf Kern, der eine fügt sich in den anderen, und alle sollen die richtige Lage haben. Hierzu ist es manchmal erforderlich, vor dem Einbau Gruppen zusammenzustellen und diese einzusetzen. Da die Kerne nicht immer passend angeliefert werden, müssen sie wieder aus der Form gehoben und nachgearbeitet werden. Wie ein Damokles-Schwert schwebt der Ausschuß über jedem Griff. Eine ungeschickte Bewegung, ein Zittern der Hand stößt vielleicht an unsichtbarer Stelle Sand ab, der in der Form liegen bleibt und das Stück Ausschuß werden läßt. Nur größte Sorgfalt und äußerste Gewissenhaftigkeit schützen vor Schaden.

Bei einem jeden Kern ist zu überlegen, wie er sich verhalten wird, wenn das flüssige Eisen ihn umspült. Er muß unverrückbar fest liegen, damit er nicht abschwimmen kann. Gegebenenfalls ist er durch Zinknägel oder Kernstützen zu befestigen. Die entstehenden Gase müssen ins Freie abgeleitet werden, und nirgends darf dieser Weg durch einfließendes Eisen versperrt werden. Die Eisenstärke, die in der Form als Hohlraum in Erscheinung tritt, ist auf das richtige Maß zu kontrollieren. Hierbei versagt mancher sonst tüchtige Former, oder er kann nicht ohne Hilfe seines Meisters fertig werden. Ihm bereitet die Vorstellung, daß alles Körperliche sozusagen negativ ist, Schwierigkeiten. Er kann sich nicht hineindenken, daß die Erhebungen in der Form später Vertiefungen im Gußstück ergeben.

Erforderlich sind demnach für diese Arbeiten Ruhe und Sicherheit der Bewegungen, insbesondere der Hände, Zusammenarbeit der Glieder unter Kontrolle des Auges, räumliches Vorstellungsvermögen besonders für das Negative, technisches Verständnis für physikalische Vorgänge, Geschicklichkeit, Sorgfalt und Gewissenhaftigkeit.

Nach dem Einbau der Kerne erfolgt das Zurichten der Form. Vorerst wird sie sauber ausgeblasen und nach einem letzten prüfenden Blick durch den Oberkasten abgedeckt. Hierbei ist darauf zu achten, daß sich der Kasten gleichmäßig und langsam absenkt und zum Schluß die Lage erhält, die er während des Aufstampfens gehabt hat. Denn jede schiefe Lage läßt Form an Form oder Kern an Form reiben, wodurch Sand abgestreift und die Form verunreinigt wird. Der Eintritt eines solchen Fehlers bleibt unbemerkt, somit fehlt jede Möglichkeit, ihn zu beseitigen. Er macht sich am Gußstück durch Löcher bemerkbar, die es fast stets zum Ausschuß machen. Erhält der Kasten nicht die ursprüngliche Lage, so ist das Gußstück versetzt und unbrauchbar (Abb. 4e x). Auch hier tritt der Fehler erst nach dem Guß in Erscheinung. Das Gewicht der Kasten ist stets bedeutend und erfordert die ganze Kraft des Formers. Trotzdem ist mit größter Sorgfalt zu handeln.

Größere Formen erhalten anschließend Aufbauten für Einguß und Steiger, die bei kleinen bereits eingeschnitten sind.

Das Eisen übt wie jede Flüssigkeit einen Druck nach allen Seiten aus und ist bestrebt, den Oberkasten zu lüften. Hiergegen ist er zu sichern durch Verklammern oder Verschrauben mit dem Unterkasten oder auch durch Beschweren mit Gewichten (Lasteisen) (Abb. 1 p). Es ist Vorsorge zu treffen, daß die Form dabei nicht eingedrückt wird. Der Einguß muß selbstverständlich zugänglich bleiben, sonst ist das Gießen nicht möglich.

3. Gießen.

Nunmehr kommt der bedeutsame Augenblick, da die Form mit flüssigem Eisen gefüllt wird. Er ist nicht frei von Aufregung und Spannung, und der Guß besonders von großen und wertvollen Stücken ist in jeder Gießerei ein Ereignis.

Obwohl das Gießen eine durchaus anders geartete Tätigkeit ist als das Formen, wird es in den allermeisten Fällen vom Former mit ausgeführt. Kleine Stücke werden von einem Manne mit der Handpfanne gegossen (Abb. 8), mittlere von mehreren Leuten mit der Scherenpfanne und große mit der Kranpfanne (Abb. 9).

Um bei dem Guß mit der Handpfanne den sehr ermüdenden Weg unter Last zu verkürzen, wird dem Former das flüssige Eisen vom Schmelzofen in größeren Pfannen zum Platz gefahren. Dort läßt er sich seine Handpfanne füllen und geht damit zu den fertigen Formen. Hierbei hat er die Pfanne mit den Händen bereits so gefaßt, wie es beim Gießen erforderlich ist. Das Gießen (Abb. 8) erfolgt durch Drehen des Stieles mit Hilfe eines Griffes an dessen oberen Ende. Die Haltung ist dabei außerordentlich charakteristisch und aus Abb. 8 gut ersichtlich. Sie hat sich den durch die einseitige Belastung ungünstigem Kräftespiel in vollkommener Weise angepaßt. Die Last des flüssigen Eisens wirkt an dem kurzen Arm eines Hebels, der durch den Pfannenstiel gebildet wird. Am langen Arm greift die rechte Hand an und hält durch Druck nach unten das Gleichgewicht. Als Auflage und Drehpunkt dienen das leichtgebeugte rechte

Abb. 8. Gießen mit der Handpfanne.

Abb. 9. Gießen mit der Kranpfanne.

Knie und die linke Hand. Durch die glückliche Vereinigung beider wird die an dieser Stelle besonders stark auftretende Kraft recht gleichmäßig auf den ganzen Körper verteilt, wobei der linke Arm auf Zug beansprucht ist und die Kraft durch den Körper auf beide Beine verteilt, während das rechte Knie einen Teil als Druckkraft unmittelbar in das rechte Bein leitet. Der gesamte Kräftefluß nimmt somit einen eindeutigen zweckmäßigen Verlauf.

Der Druck der rechten Hand ist von allen Kräften am geringsten, so daß die für das Gießen erforderlichen Bewegungen ohne Schwierigkeit durchführbar sind. Diese bestehen einmal in der Drehbewegung während des Kippens der Pfanne, sodann in der Einhaltung der richtigen Höhen- und Seitenlage beim Gießen. Die Gießlage der Pfanne ändert sich fortgesetzt. Der Vorgang spielt sich so ab, daß der Auslauf der Pfanne zu Beginn in die richtige Höhe über den Einguß des Formkastens gebracht werden muß. Sodann wird durch Drehen mit der rechten Hand kräftig angegossen, damit Eingußtümpel und Trichter möglichst schnell voll werden. Hierbei beginnt die Form sich durch die Eingüsse zu füllen, infolgedessen hat die Oberfläche des Eisens das Bestreben abzusinken. Dem muß durch richtig bemessenes Nachgießen vorgebeugt werden, um zu verhindern, daß die auf dem Eisen schwimmenden Unreinigkeiten in die Form gelangen.

Nur bei feinster Anpassung an die Verhältnisse und bei äußerster Aufmerksamkeit gelingt der einwandfreie Guß, um so mehr als der ganze Vorgang in wenig Sekunden beendet ist. Sinkt der Eisenspiegel nicht mehr, dann muß das Gießen sofort abgebrochen und am nächsten Formkasten auf dieselbe Weise fortgesetzt werden.

Es ist ohne weiteres verständlich, daß trotz des günstigen Kräftespiels infolge der ungünstigen einseitigen Belastung und der starken körperlichen Anstrengung eine merkliche Ermüdung eintreten wird. Dies möge durch weitere Verfolgung des auf S. 6 angegebenen Beispieles näher beleuchtet werden. Für die geleisteten 142 Kasten wurde eine Gießzeit von 75 Minuten in Anspruch genommen, dazu mußte die Pfanne 35mal gefüllt werden. Es entfallen somit im Durchschnitt 2 Minuten auf das Eisenholen und das Abgießen von je 4 Kasten. In Wirklichkeit ist die Zeit noch kürzer, da durch den mehrmaligen Wechsel der großen Pfanne Verlustzeiten auftraten. Das Durchschnittsgewicht einer gefüllten Pfanne betrug etwa 30 kg, woraus sich ein Gesamtgewicht von 870 kg errechnet.

Erschwerend tritt zu dieser Arbeitsleistung die strahlende und heizende Wirkung des flüssigen Eisens hinzu. Wohl sind die der Pfanne am nächsten liegenden Teile des Körpers, die Beine und die linke Hand, durch ein Strahlungsblech an der Pfanne geschützt, aber die Abbildung zeigt deutlich, daß Brust und Gesicht volle Einstrahlung erhalten. Besonders das Auge ist beansprucht, da es stets auf den fließenden Strahl gerichtet sein muß. Dasselbe Auge soll während der Formarbeit die feinsten Schattierungen im dunklen Formsand erkennen und die Finger bei der Arbeit führen und überwachen. Auch hier erscheint ein unüberbrückbarer Widerspruch zu liegen, der nur durch die außergewöhnliche Anpassungsfähigkeit des Menschen gelöst wird.

Das Gießen erfordert demnach körperlich kräftige Gestalten, die aber auch Widerstandsfähigkeit gegen die strahlende Hitze des flüssigen Eisens, gegen Rauch und Staub besitzen müssen. Bei dieser Beanspruchung Ruhe, Sorgfalt und gespannte Aufmerksamkeit zu bewahren, ist nicht jedermann gegeben. Dabei ist diese Tätigkeit nicht gefahrlos. Schon der Anblick des fließenden, flüssigen Eisens läßt den Laien ängstlich werden, dazu treten die fortgesetzt sprühenden Funken und die züngelnden Flammen der brennenden Gase (Abb. 9). Durch all das darf sich der Gießer nicht beirren lassen, selbst wenn ein Spritzer auf seine Kleidung fällt und ein Loch sengt, gießt er ruhig weiter. Erst recht darf er seine Geistesgegenwart nicht verlieren, wenn wirklich Gefahr vorliegt.

Für das Gießen durch mehrere Mann mit der Scherenpfanne liegen die Verhältnisse nicht wesentlich anders. Wohl ist die körperliche Beanspruchung günstiger, doch sind die zu bewältigenden Lasten wesentlich größer.

Das Gießen mit der Kranpfanne (Abb. 9) ist dagegen durchaus anders geartet. Der Kran trägt die ganze Last, so daß die körperliche Leistung auf das Drehen des Handrades beschränkt bleibt. Hier liegt jedoch eine starke Verteilung der Aufmerksamkeit vor. Es ist der Strahl des Eisens durch Drehen des Handrades so zu bemessen, daß der Einguß richtig voll gehalten wird. Durch Anweisung an den Kranführer muß zugleich fortgesetzt Vorsorge für die richtige Lage des Pfannenauslaufes getroffen werden, dabei ist noch auf das Verhalten der austretenden Gase zu achten. Auch dieser ganze Vorgang spielt sich in der außerordentlich kurzen Zeit von 30 bis höchstens 120 Sekunden für ganz große Stücke von mehreren 1000 kg ab. Die Verantwortung für den Guß größerer Stücke wird stets vom Meister mit übernommen.

Auf die Zusammensetzung des Eisens hat der Former zwar keinen unmittelbaren Einfluß, jedoch kann er sich die richtige Gießtemperatur wählen, die das Gelingen des Gußstückes wesentlich beeinflußt. Ein guter Former beurteilt die richtige Temperatur nach der Glühfarbe, nach dem Oberflächenspiel und nach der Dünnflüssigkeit. Er baut dabei auf seine früheren Erfahrungen auf, indem er Vergleiche anstellt.

Erforderlich sind demnach neben den bereits angeführten Eigenschaften ein ausgeprägter Glühfarbensinn und ein ausgeprägtes Gedächtnis für Glühfarben, damit er mit Sicherheit die richtige Farbe wiedererkennt. Die Gefahren beim Vergießen falsch temperierten Eisens sind nicht gering. Zu kaltes (mattes) Eisen bewirkt immer Ausschuß, da nicht alle Teile der Form auslaufen (*xx* Abb. 4e). Zu heißes Eisen greift die Form an, so daß das Gußstück unansehnlich wird und außerdem zum Lunkern neigt. Es liegen weiterhin eine Reihe Feinheiten vor, so daß Wert darauf gelegt werden muß, immer Eisen von der richtigen Temperatur zu vergießen.

Mit dem Gießen ist der wichtigste Abschnitt in der Entwicklung des Gußstückes beendet, aber Gewißheit über Gelingen oder Mißlingen ist noch keineswegs vorhanden. Das Hangen und Bangen, das lähmende Gefühl der Unsicherheit, die Furcht vor dem Ausschuß, bestehen somit noch weiter.

Die wichtigsten Ausschußursachen mögen nunmehr nochmals im Zusammenhang einer besonderen Betrachtung unterworfen werden. Hierbei wollen wir uns jedoch auf solche Fälle beschränken, die dem Einfluß des Formers unterliegen. Modellfehler, Kernfehler und Eisenfehler gehören demnach nicht dazu.

Die endgültige Festlegung der Ausschußursache bereitet trotz eingehender Untersuchung sehr oft große Schwierigkeiten, da der gleiche Fehler mehrere Anlässe haben kann. Eine Sandstelle am Gußstück z. B. kann durch Zerdrücken der Form, durch Schaben, durch abgefallenen oder auch durch fortgespülten Sand verursacht worden sein.

Einen großen Anteil am Ausschuß haben die Stampffehler, die sich durch Unsauberkeit, Schalen, Blasen, Sandstellen oder Treiben äußern. Sodann folgen die Fehler, die durch mangelnde Handruhe oder schlechte Empfindungen in den Gelenken und Muskeln bedingt sind. Diese Stücke sind verflickt, stets unsauber und zeigen vielfach Sandstellen. Trotz der ständigen Beratung durch den Meister treten weiter form- und gießtechnische Fehler immer wieder auf, die auf mangelndes Verständnis für die Vorgänge während des Gießens und Abkühlens zurückzuführen sind. Hierzu gehören Porösität infolge unzweckmäßiger Anschnitte, oder Verlagerung von Kernen infolge ungenügender Sicherung.

Viele der genannten Fehler könnten durch Flicken oder Nacharbeiten der Form beseitigt werden, sofern der Wille zur Sorgfalt und Gewissenhaftigkeit vorhanden wäre. Auch Nachlässigkeit und Gleichgültigkeit allein kann zum Ausschuß führen. Wenn während des Gießens der Einguß z. B. nicht vollgehalten wird, tritt die schädliche Schlacke in die Form. Das Gußstück zeigt dann Löcher nach Abb. 5 *d*. Hinzu treten weiter Fehler durch falsch oder ungenau eingesetzte

Kerne, durch unvorsichtiges Zulegen der Form, sowie durch fahrlässige Belastung.

Die gründliche und gewissenhafte Verfolgung des Gießereiausschusses erhärtet immer wieder den Eindruck, daß bei größerer Vorsicht, bei besserer Sorgfalt und Gewissenhaftigkeit der größte Teil der Fehler hätte vermieden werden können. Die charakterologischen Eigenschaften überlagern somit die Mängel körperlicher, intellektueller oder handwerklicher Art, sie können diese verstärken oder auch zum Teil ausgleichen.

4. Abschließende Arbeiten.

Die weiteren Arbeiten am Gußstück sind für den Former von untergeordneter Bedeutung. Nach dem Abkühlen wird es durch Zerstören der Form freigemacht und mit den Resten von anhaftendem Sand und dem durch das Gießen an den Teilfugen der Form entstehenden Grat zur Putzerei geschafft. Dort wird es von angelernten Arbeitern (Putzern) geputzt, d. h. vom Sand befreit und so bemeißelt und beschliffen, daß es die verlangte Gestalt und das verlangte Aussehen bekommt. Diese Arbeiten fallen nicht mehr in den Kreis der Betrachtungen, da sie mehr in das Gebiet des Schlossers gehören.

Erst wenn das Gußstück blank und geputzt vorliegt, kommt der wichtige Augenblick, da der Former entweder vor dem gelungenen Werk steht und die ganze Freude des Schöpfers genießt oder feststellen muß, daß alle aufgewendete Mühe, Arbeit und Sorgfalt vergeblich war. Der durch Ausschuß entstandene geldliche Ausfall und die Enttäuschung dürfen ihn jedoch nicht hindern, wieder mit frischem Mut ans Werk zu gehen und mit noch größerer Sorgfalt das Ersatzstück zu schaffen unter ganz besonderer Beachtung der Ausschußursachen. Der Meister und die Betriebsleitung werden ihm mit ihrem Rat zur Seite stehen, denn jedes Ausschußstück ist auch für das Werk ein harter Verlust.

5. Tätigkeit der übrigen Gießereifacharbeiter.

Außer den Handformern rechnet man die Schablonen- oder Lehmformer, die Maschinenformer und die Kernmacher zu den Gießereifacharbeitern.

Die Schablonen- oder Lehmformer bilden eine Klasse für sich. Ihre Tätigkeit hat große Ähnlichkeit mit der der Töpfer oder Maurer. Sie verwenden als Formstoff Lehm und Steine und arbeiten frei nach der Zeichnung ohne Modell, lediglich unter Verwendung von Schablonen. Vorwiegend sind Drehkörper für dieses Formverfahren geeignet, aber geschickte Arbeiter können auch andersgestaltete Formen herstellen. Es werden demgemäß hohe Anforderungen an ihr Können gestellt. Wir werden sie hier nicht weiter betrachten, da ihre Kenntnisse und Fähigkeiten wesentlich von denen der Handformer abweichen.

Die Maschinenformer hingegen sollen zum Vergleich herangezogen werden. Wie der Name sagt, verwenden sie Maschinen bei ihrer Arbeit. Die Eigenart der ganzen Tätigkeit bringt es mit sich, daß die Maschinen nur Teile der Verrichtungen übernehmen können. Zuerst erleichtert man dem Former das Ausheben der Modelle, indem man die Modelle zwangsläufig gerade führt. Diese Erleichterung hat den durchschlagenden Erfolg, daß auch ungelernte Arbeiter (Maschinenformer) nach kurzer Anlernzeit gute Formen machen können. Es ist damit der Art des Modellaushebens eine grundsätzliche Bedeutung beigemessen, insofern als sie die Grenze zwischen gelernten und angelernten Formern bildet.

Die Anwendung der Maschinen erfordert, daß die Modelle auf einer Platte befestigt sind und zwar für Oberkasten und Unterkasten getrennt. Dies bietet die Möglichkeit, ihre Verteilung im Formkasten ein für allemal festzulegen und auch die Anschnitte bereits durch kleine Modelle im Formverfahren mit herzustellen. Damit ist der Maschinenformer von den damit zusammenhängenden Überlegungen befreit, aber er hat im übrigen die gleichen Arbeiten zu verrichten und daher die gleichen Fähigkeiten zu entwickeln wie der Handformer. Die Formmaschine in Verbindung mit Modellplatte gestattet eine beliebige Anzahl ganz gleicher Formen herzustellen, so daß die Kosten für die Einrichtungen bei größerer Stückzahl stets aufgewendet werden können. Die Formen erfordern naturgemäß kaum Nacharbeit, da eine Beschädigung während des Abhebens nicht eintritt.

Als nächste Teilarbeit kann das Stampfen der Form von der Maschine übernommen werden. Neben der nur in besonderen Fällen angewandten Nachahmung des Handstampfens findet die Sandverdichtung durch Pressen, Rütteln oder Schleudern statt. Diese Verfahren machen die Fertigung noch weiter unabhängig von dem Können des Formers, jedoch eignen sie sich nicht für alle Modelle.

Schließlich kann die körperliche Anstrengung des Sandeinschaufelns durch mechanische Sandaufgabevorrichtungen vermindert werden, wodurch die Einzelleistung steigt. Hiermit sind bereits alle Arbeiten erschöpft, die von der Maschine übernommen werden können. Sie alle aber erleichtern das Formen außerordentlich und verkürzen die Herstellungszeit ganz wesentlich.

Die Arbeit an der Formmaschine ist als eine der wenigen Arbeiten geeignet, sportlichen Geist zu pflegen. Die Griffkomplexe während des Formens wiederholen sich fortgesetzt, und das Ergebnis der Arbeit ist auf einfache Weise zu verfolgen. Kasten reiht sich an Kasten und dasselbe geschieht an jedem Formerplatz, so daß ein gesunder Wettbewerb eintreten kann. Der Ansporn zur Höchstleistung ist außerdem dadurch gegeben, daß in Akkord gearbeitet wird.

Die Kernmacher müssen ebenfalls im Zusammenhang mit den Formern behandelt werden, denn ihre Tätigkeit besteht auch in einer Formgebung durch Stampfen von Formmaterial, in diesem Falle besonders zubereiteter Kernsand. Der Unterschied liegt nur darin, daß Hohlräume, Kernkästen genannt, gefüllt werden, während der Former um einen Vollkörper (Modell) herum den Hohlkörper (Form) herstellt.

Beide Berufsgruppen stellen demnach ähnliche Anforderungen, soweit sie das Formen betreffen. Die Ausschußgefahren sind jedoch weniger groß, so daß es in den meisten Fällen gelingt, Kernmacher durch Anlernen ohne berufsmäßige Lehre auszubilden.

6. Zusammenstellung der berufswichtigen Fähigkeiten.

Zum Schluß mögen die für Gießereifacharbeiter erforderlichen berufswichtigen Fähigkeiten nochmals zusammengestellt werden. Unter den Sinnesleistungen stehen allen anderen voran Ruhe und Sicherheit der Hand, verbunden mit Gewandtheit in der Bewegung und Zusammenarbeit mit dem Auge. Es folgt eine feine Empfindung in den Gelenken und Muskeln, und schließlich muß das erforderliche Maß von Kraft und Impulsbeherrschung vorhanden sein. In vielen Fällen ist eine geringe Ermüdbarkeit von großer Bedeutung.

Für das Auge ist der Sinn für Glühfarben mit einem guten Gedächtnis dafür notwendig. Der Wärmesinn jedoch und die Schmerzempfindung sollen gering sein.

Kennzeichnend für den Formerberuf ist das hohe Maß von räumlichem Vorstellungsvermögen, besonders in Verbindung von Positiv und Negativ, sowie ein gutes Gedächtnis für Formen. Weiterhin gehört dazu ein beträchtliches Maß von Daueraufmerksamkeit mit geringer Neigung zur Ablenkung.

Die Arbeitsart ist gekennzeichnet durch die Eigenart des Berufes und erfordert hohe Sorgfalt, große Sauberkeit und Gewissenhaftigkeit. Im allgemeinen wird sich damit eine gewisse Langsamkeit verbinden, die bei dem tüchtigsten Former am geringsten ist. Erwünscht sind außerdem technisches Verständnis, die Fähigkeit zu überlegen, Findigkeit, Verhandlungsfähigkeit, Ausdauer und schnelle Reaktion.

C. Prüfverfahren und Prüfung.

Nach längeren Vorversuchen (52) und nach eingehenden Betriebsbeobachtungen wurden zur Prüfung der genannten berufswichtigen Eigenschaften folgende Proben verwendet:

1. Langsames Stabheben,
2. Schnelles Zielstechen,
3. Stampfer,
4. Fingerdruckprüfer,
5. Handdruckprüfer,
6. Glühfarbengerät,
7. Legeprobe,
8. Raumvorstellungsprobe,
9. Durchstreichprobe,
10. Stapelprobe.

Für die Eichversuche wurden in dankenswerter Weise Schüler der Städtischen Berufsschulen zu Hannover zur Verfügung gestellt, während die Former und Formerlehrlinge der Gießerei der Eisenwerk Wülfel A.-G. entstammen.

Diese Prüfverfahren wurden auf Grund der aus der Analyse der Berufsverrichtungen geschöpften Erkenntnisse entwickelt. Der Vorteil der apparativen Methoden (30) wurde weitestgehend ausgenutzt, aber versucht, die Kosten durch Verwendung einfacher Mittel gering zu halten. Trotzdem sollten die Geräte so vollständig sein, daß die Objektivität des Urteils gewährleistet ist, indem sie für den Prüfling immer die gleichen Bedingungen und für den Prüfleiter eine genaue Ablesung gewährleisten. Der Einfluß des Prüfleiters sollte möglichst ausgeschaltet werden, damit auch angelernte Kräfte die Prüfung vornehmen können. Dies hat weiter den Vorteil, daß der Prüfleiter der qualitativen Leistung des Prüflings seine besondere Aufmerksamkeit zuwenden kann. Er ist dadurch in der Lage, genau zu verfolgen, wie der Prüfling die Aufgabe anfängt, wie er Schritt für Schritt vorwärtskommt, und wie er die auftretenden Schwierigkeiten und Hemmungen beseitigt. Diese Beobachtungen geben wichtige Einblicke in die Wesensart des Prüflings und in seine Arbeitsart, denn sein Verhalten gegenüber dem Gerät entspricht seinem Verhalten in der Werkstatt und am Arbeitsplatz.

Der reinen Psychologie ist es bisher nicht gelungen, über die komplexen Vorgänge bei der Prüfung restlos Klarheit zu schaffen (29), daher wurden die Prüfverfahren der Wirklichkeit im Betrieb stark angenähert, so daß die bei der Verrichtung der Arbeit auftretenden Nebenfunktionen miterfaßt werden. Aus diesem Grunde war es notwendig, die Prüfgeräte vollständig neu zu konstruieren.

1. Langsames Stabheben.

Der hierfür gebaute Apparat (Abb. 10 u. 11), ein Schema der Wirklichkeit (52), soll besonders die Ruhe und Sicherheit der Hand erfassen. Wie beim Ausheben des Modelles hat auch bei diesem Gerät die Hand eine ruhige Aufwärtsbewegung auszuführen, wobei das Auge die Kontrolle ausübt.

In einem Holzkasten ist der Deckel aus Eisenblech mit einem Loch von 10 mm Durchmesser in der Mitte versehen. Unter dieser Platte ruht ein Elektromagnet derart, daß der eine Pol die Platte bildet, während der andere in geringem Abstand unter dem Loche angebracht ist. Der Polschuh enthält ebenfalls ein Loch, jedoch von 12 mm Durchmesser. Durch diese Löcher ragt ein Stab, der auf die Länge von 100 mm von 10 mm Durchmesser auf 5 mm Durchmesser kegelförmig ausläuft. Am unteren Ende ruht der Stab mit einem Ansatz in einer Führung, während am oberen Ende ein Draht zum Anfassen eingeschraubt ist. Der Elektromagnet wird durch eine Akkumulatorenbatterie gespeist, deren Strom durch den Stab im Falle der Berührung mit der Eisenplatte geschlossen wird. In demselben Augenblick zieht der Magnet den Stab an und hält ihn bis zur Unterbrechung des Stromes fest.

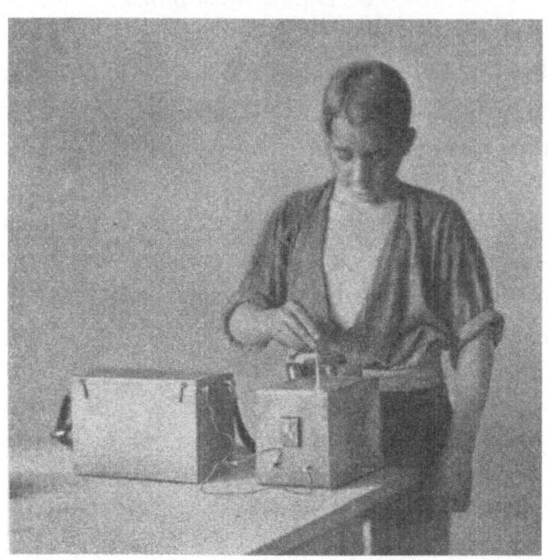

Abb. 10. Langsames Stabheben.

Die Abmessungen des Gerätes wurden auf Grund von Vorstudien solange geändert, bis eine hinreichende Scheidung der Leistungen erreicht war. Dabei durfte weder der beste noch der schlechteste Prüfling den Bereich des Gerätes erschöpfen.

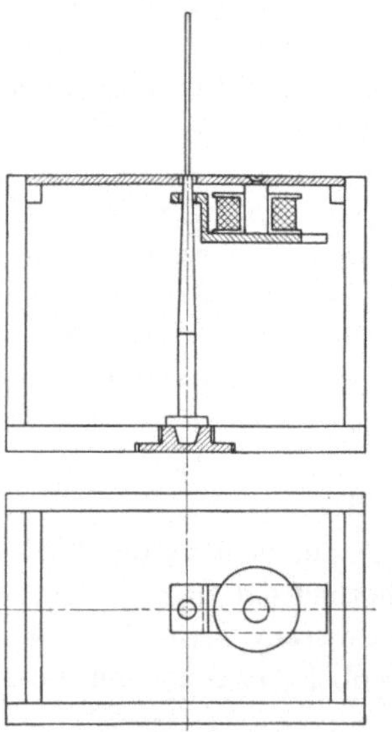

Abb. 11. Prüfgerät für langsames Stabheben.

Die Untersuchung selbst wurde unter sorgfältiger Beachtung der erforderlichen Gesichtspunkte vorgenommen. Im allgemeinen konnte reges Interesse auch bei den Facharbeitern festgestellt werden, besonders bei den Proben, die sich der Wirklichkeit stark anpaßten. Die Instruktion beginnt mit einer Erklärung des Gerätes. Sodann wird dem Prüfling gesagt, daß er sich in bequemer Haltung mitten vor das Gerät aufzustellen hat. Der Oberkörper sei leicht vornübergebeugt und der rechte Arm ungezwungen zu halten (Abb. 10). Der Stab ist mit drei Fingern der rechten Hand zu fassen und langsam und ganz ruhig mit vorher gezeigter Geschwindigkeit nach oben aus der Öffnung herauszuziehen, wobei die ganze Aufmerksamkeit darauf gerichtet ist, daß der Stab das Blech nicht berührt. Mit dem Auge ist die Lage des

Stabes innerhalb des Loches zu kontrollieren und die Verengung des freien Raumes zu verfolgen. Die Aufgabe wird immer schwieriger, und der Stab ist in dem Augenblick loszulassen, da er von der Wand angezogen wird. Nach dem Ablesen durch den Prüfleiter ist dieselbe Aufgabe fünfmal nacheinander zu erfüllen. Um den Prüfling mit dem Apparat vertraut zu machen, und ihm die erforderliche Sicherheit zu geben, wurde eine Vorprobe ohne Einschaltung des Stromes gestattet, wobei der Stab in seiner ganzen Länge herausgezogen werden konnte, ferner eine zweite Vorprobe mit Strom, die den Prüfbedingungen entsprach. Hierbei mußten vielfach noch Verbesserungen in Haltung, Durchzugsgeschwindigkeit usw. vorgenommen werden.

Sodann begann der eigentliche Versuch. Als Maßstab für die Leistung galt die Länge des herausgezogenen Stückes des kegelförmigen Stabes. Von den 5 Versuchen wurde dann das arithmetische Mittel als Maß für die Leistung zugrundegelegt und weiter ausgewertet.

Diese Probe erfaßt neben Ruhe und Sicherheit der Hand das Zusammenarbeiten zwischen Auge und Hand, die Führung und Beherrschung der Bewegung sowie die Aufmerksamkeit für kurze Zeiträume.

Die Verwendung eines Kegels als Tremometer wird von Schneider bereits beschrieben (70). Jedoch handelt es sich dabei um die Glühlampen-Industrie, so daß dieses Gerät für die Formerprüfung nicht zu verwenden ist. Für Former hatte Rupp in Hamburg ein Gerät ausgestellt (63), das die Bewegung eines Holzklotzes direkt auf Papier zeichnet. Die Genauigkeit des Gerätes läßt sehr zu wünschen übrig, und außerdem ist die Auswertung recht schwierig. Eine Anwendung für die Formerprüfung ist nicht veröffentlicht. Moede beschreibt ein Gerät (50)[1], bestehend aus Metallstab und Hohlzylinder, das als Tremometer dienen soll. Aber auch über dessen Anwendung ist nichts bekannt geworden.

2. Schnelles Zielstechen.

Nicht nur bei langsamen Bewegungen, sondern auch bei schnelleren ist Ruhe und Sicherheit der Hand erforderlich. Man denke an das Luftstechen, Polieren und an die Flickarbeit. Daher wurde das Gerät zum schnellen Zielstechen (Abb. 12) entworfen. In der Gesamtprüfung bildet es eine Ergänzung zum langsamen Stabheben.

In einer Blechplatte sind 20 Löcher gebohrt, die sich von 13 mm Durchmesser auf 8,25 mm Durchmesser regelmäßig abstufen. Diese Platte bildet den Abschluß eines Kastens. Ein Stab, die Blechplatte und ein Zählwerk sind derart geschaltet, daß der Strom der Stromquelle fließen kann, wenn der Stab die Platte berührt. Hierbei wird das Zählwerk betätigt. Die Instruktion verlangt, daß auf ein be-

[1] S. 2.

stimmtes Zeichen hin der Stab so schnell als möglich in die Löcher einzuführen ist, möglichst ohne das Blech zu berühren. Der Stab ist dabei in jedem Fall bis auf den Grund des Kastens zu senken. Für eine Vorprobe werden die 5 größten Löcher zur Verfügung gestellt und in der Prüfung die 3 kleinsten Löcher ausgelassen, da sie die Aufgabe zu sehr erschweren.

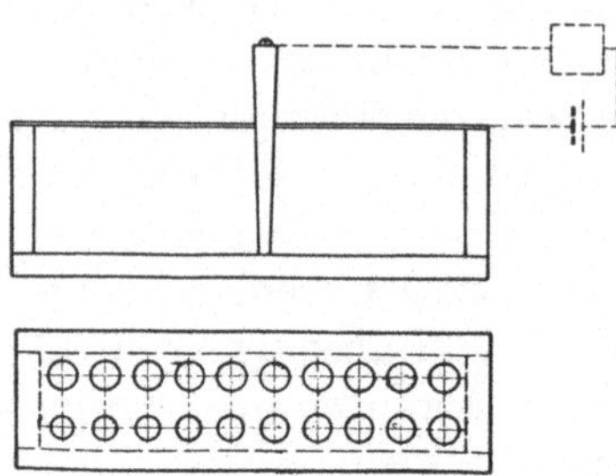

Abb. 12. Prüfgerät für schnelles Zielstechen.

Während des eigentlichen Versuches ist streng darauf zu achten, daß die Instruktion genau befolgt wird. Gemessen wird die gebrauchte Zeit mit der Stoppuhr und die Fehlerzahl. Die Beobachtung während des Versuches ist sehr wertvoll und verschafft wichtige Einblicke in die Arbeitsart. Es läßt sich sofort der vorsichtige und gewissenhafte, fehlerscheuende Prüfling von dem ohne Rücksicht auf Fehler schnell arbeitenden unterscheiden. Es wird also mit dieser Probe auch die Gewissenhaftigkeit erfaßt, die für den Gießereifacharbeiter besonders wichtig ist. Ferner liegt Zusammenarbeit zwischen Auge und Hand, Aufmerksamkeitsleistung für kurze Zeiträume, sowie Beherrschung der Bewegung vor.

Ein ähnliches Gerät (Tremometer) beschreibt zuerst Moede (48)[1], jedoch lautet dort die Instruktion derart, daß auf die Schnelligkeit der Bewegung kein Wert gelegt wird, und als Maßstab für die Leistungen die Größe des Loches gilt, in das der Prüfling, ohne an die Wandung anzustoßen, noch instruktionsrichtig den Stift einführen kann.

3. Stampfer.

Entsprechend der Bedeutung der Stampfarbeit in der Gießere wurde als drittes Gerät ein Stampfer (Abb. 13) gebaut. Er bildet wieder ein Schema der Wirklichkeit. Im Stiel des in der Formerei gebräuchlichen Stampfers ist eine Vorrichtung angebracht, die durch die Zusammendrückung einer Spiralfeder die Stärke des Stoßes zu messen gestattet. Das Oberteil mit Papiertrommel führt sich im Unterteil. Diese beiden werden durch eine Spiralfeder auseinandergehalten. Eine Blattfeder mit Bleistift ist derart am Unterteil befestigt, daß der Bleistift auf dem Papier der Papiertrommel anliegt. Wird der Stampfer aufgestoßen, so drückt sich die Feder zusammen, wobei der Bleistift einen Strich auf das Papier zieht. Gleich darauf stellt die Feder die Ruhelage wieder her. Die Stärke und Länge der Feder wurden durch Vorversuche so ermittelt, daß der auszuführende Stoß der Wirklichkeit

[1] S. 69.

entspricht, und daß außerdem eine hinreichende Scheidung der Leistungen erfolgte.

Nach Vorführung und Erklärung durch den Prüfleiter hat der Prüfling den Stampfer fünfmal mit gleicher Kraft aufzustoßen. Der Stampfer ist dabei am Stiel zu fassen, wie es der Former gewohnt ist. Als Unterlage dient ein elastisches Mittel, z. B. Gummi, damit der Schall gedämpft wird, der sonst als Anhaltspunkt für die Schlagstärke dienen kann. Bei der Vorprobe stellte es sich heraus, daß sich die Mehrzahl der Prüflinge die Stärke des vorgeführten Stoßes gar nicht gemerkt hatten. Die einen stießen mit voller Kraft auf, während die anderen sehr zaghaft waren. Dieses Verhalten gibt wichtige Einblicke in das Wesen des Prüflings. Es läßt diejenigen erkennen, die mit voller zum Erfüllen der Aufgabe gar nicht nötigen Kraft an die neue Aufgabe herangehen, und diejenigen, die zaghaft sind. Wenn durch wiederholte Stöße unter Anleitung des Prüfleiters die zweckmäßigste Kraft eingestellt ist, beginnt der eigentliche Versuch. Nach jedem Stoß wird die Schreibtrommel ein Stück gedreht so daß sich die Linien nebeneinander aufzeichnen. Die Länge der Linien ist ein Maßstab für die Stoßkraft. Dieses Gerät arbeitet nach der Methode der Herstellung, wobei der Normalreiz bis zum gewissen Grade im Ermessen des Prüflings liegt.

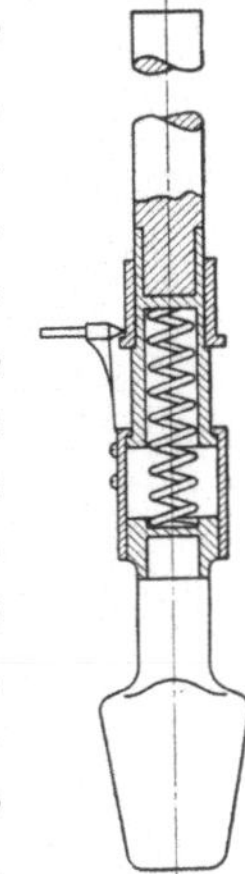

Abb. 13. Prüfstampfer.

Neben einem guten Empfinden in den Gelenken und Muskeln wird Impulsbeherrschung und Gedächtnis für Stöße erfaßt.

4. Fingerdruckprüfer.

Auch bei diesem Gerät (Abb. 14 u. 15) wurde versucht, der Wirklichkeit beim Begutachten einer Form möglichst nahe zu kommen. Es sollten ähnliche Verhältnisse vorliegen wie bei einer gestampften Form, d. h. die Kuppe eines Fingers sollte sich eindrücken lassen, dabei mußte das Gerät die beliebige Wiederherstellung eines bestimmten Zustandes ermöglichen lassen und außerdem ablesbare Maßzahlen ergeben. Nach vielen vergeblichen Versuchen mit Luftdruck und Federn wurde ein Gummiband gewählt, das einerseits durch einen belasteten Hebel gespannt wird und andererseits durch eine Spindel mit Kurbel gezogen werden kann.

Über der Öffnung des Mittelstückes (Abb. 15) liegt ein Gummiband, das mit dem einen Ende auf einer Walze und mit dem anderen auf einem als Mutter ausgebildeten Zugstück befestigt ist. Die Walze ruht leicht drehbar in zwei Spitzen und trägt einen Arm mit Gewicht. Ein Zeiger am unteren Ende des Armes spielt auf einer Skala, die so eingeteilt ist, daß sie ein Maßstab für das von dem Gewicht ausgeübte

Drehmoment bildet. Die Mutter ruht auf einer Spindel, die von einer Kurbel betätigt werden kann. Durch Drehen dieser Kurbel verschiebt sich die Mutter, und damit wird das Gummiband gespannt. Die Walze dreht sich solange mit, bis der belastete Hebel dem Gummizug das Gleichgewicht hält. Durch die Einschaltung des belasteten Armes wird erreicht, daß die Spannung des Gummibandes ein bestimmtes gewünschtes Maß erhält, daß diese Spannung von der Längung des Gummibandes unabhängig ist und außerdem jederzeit wiederhergestellt werden kann. Durch Vorversuche wurden die Bedingungen festgelegt, die die größte Annäherung an die Wirklichkeit zeigten. Das Gummiband wurde aus vier Lagen zusammengesetzt und die Öffnung zu 25 mm Durchmesser gewählt.

Abb. 14. Fingerdruckprüfer.

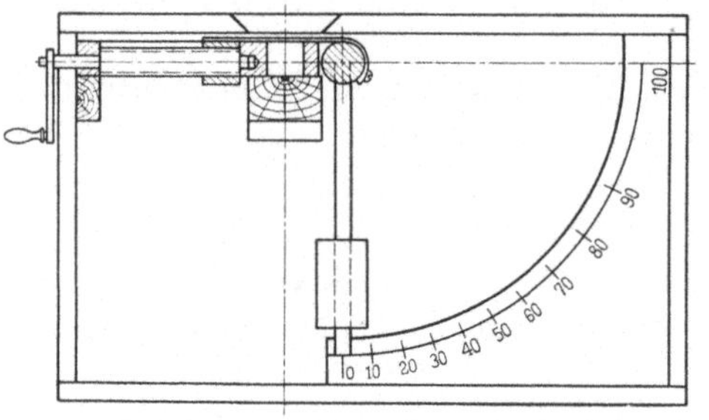

Abb. 15. Prüfgerät für Fingerdruckprobe.

Nach Erklärung des Gerätes, die die Analogie mit der Wirklichkeit zu betonen hat, wird der Prüfling so an den Apparat gestellt, daß er die Kurbel mit der linken Hand drehen und mit dem Zeigefinger der rechten Hand die Druckprobe vornehmen kann (Abb. 14). Durch Abtasten des ganzen Bereiches lernt er die Reizstufen kennen und wird mit dem Gerät vertraut. Er erhält dann die Aufgabe gestellt, eine bestimmte Festigkeit der Form nacheinander fünfmal so genau wie möglich wieder einzustellen. Der Normalreiz, in diesem Falle Zeigerstellung 50, entspricht der Festigkeit einer Naßgußform und wird dem Prüfling solange dargeboten, bis er angibt, ihn genau gemerkt zu haben. Darauf findet eine Verstellung des Gerätes statt, und die erste Einstellung beginnt. Nach dem Ablesen auf der Skala wird das Gerät wieder verstellt, aber auf einen anderen Punkt wie vorher, damit der Prüfling keine Möglichkeit hat, durch Zählen der Kurbelumdrehungen die Prüfung zu umgehen. Es empfiehlt sich sogar, die Kurbel mehrere Male hin und her zu drehen, um gleich von Anfang an jeden Versuch zum Zählen unmöglich zu machen. Als Maß für die Leistung wird der mittlere Schwankungsfaktor, die mittlere Variation, zugrundegelegt, da die Sicherheit des Wiedererkennens ausschlaggebend ist.

Das Gerät prüft das feine Muskelgefühl, das Gelenkempfinden, sowie das Gelenkgedächtnis, wobei immer zwei Gesichtspunkte zusammentreffen. Bei gleichem Druck ist die Eindrucktiefe und damit der vom Material am Finger umspannte Bogen beim weichen Material am größten. Bei gleicher Eindrucktiefe ist bei festem Material eine größere Druckkraft erforderlich als bei weichem Material. Die Kombination dieser beiden Methoden ist jeweils vorzunehmen, d. h. während der Drucksteigerung durch den Finger ist die dabei auftretende Eindrucktiefe zu merken. Ähnliche Vorgänge spielen sich beim Flicken mit dem Polierlöffel oder beim Polieren ab, wo der Sand bis zu einer bestimmten Festigkeit zusammengedrückt werden muß.

5. Handdruckprüfer.

Die Arbeiten des Gießereifacharbeiters sind durchweg Handarbeiten, die zum Teil ein großes Maß von Muskelkraft erfordern. Es wurde daher die Kraftleistung der Hand unter Benutzung eines einfachen Dynamometers (Abb. 16) festgestellt.

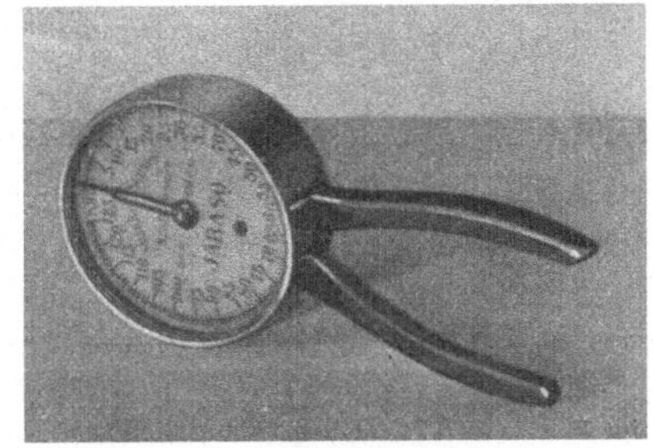

Abb. 16. Handdruckprüfer.

Aus der runden Kapsel, die oben ein Ziffernblatt trägt, ragen zwei Handhaben heraus. Durch Zusammendrücken dieser Handhaben wird im Innern eine Feder gespannt und gleichzeitig der Zeiger über dem Zifferblatt bewegt. Die Größe des Zusammendrükkens und damit der Zeigerweg ist ein Maß für die aufgewandte Kraft, die an der nach Kilogramm eingeteilten Skala abgelesen werden kann.

Die Aufgabe ist leicht verständlich und erzeugt unter den Prüflingen einen gewissen Wettstreit, der die erste Befangenheit schnell beseitigt; daher wird die Probe zu Beginn der Prüfung gebracht.

Nachdem die Wirkungsweise durch ein Beispiel erklärt ist, wird dem Prüfling aufgegeben, die Handhaben mit der rechten Hand kurz mit vollster Kraft zusammenzudrücken und dabei den Unterarm horizontal halten, ohne den Ellenbogen am Körper anzupressen. Nach einer Vorprobe werden fünf Feststellungen gemacht. Als Maß für die Leistung gilt das arithmetische Mittel der fünf erhaltenen Zahlen.

6. Glühfarbengerät.

In einem Holzkasten (Abb. 17) ist ein Widerstand eingebaut, dessen Schieber mit einer halben Mutter verbunden ist. In dem aufklappbaren Deckel ruht eine Spindel, die wiederum mit der Mutter im Eingriff steht, wenn der Deckel geschlossen ist. Die Spindel kann von außen durch eine Handkurbel gedreht werden, wodurch der Schieber seine Lage ändert und eine Veränderung des Widerstandes bewirkt. In einem Aufbau sitzt eine Glühlampe, in deren Stromkreis der Widerstand eingeschaltet ist. Der Glühfaden der Lampe ändert seine Temperatur und seine Farbe mit dem Ändern des Widerstandes. Es können sämtliche Glühfarben durchlaufen werden, die das Eisen bei der Abkühlung annimmt. Für den vorliegenden Apparat wurde die vorhandene Netzspannung von 110 Volt und eine Osramlampe von 25 Watt verwandt, da die Spannung durch eine Akkumulatorenbatterie sehr gleichmäßig gehalten wurde. Die Mutter ist mit einem Zeiger fest verbunden, der wiederum auf einer Millimeterskala gleitet. Es können also die verschieden Stellungen eindeutig bestimmt werden. Durch eine Reihe Vorversuche wurde derjenige Widerstand und diejenige Glühlampe ausgewählt, die eine hinreichende Scheidung der verschiedenen Prüflinge sicherstellte.

Abb. 17. Glühfarbengerät.

Der Prüfling hat sich so vor dem Gerät aufzustellen, daß er in den Aufbau mit der Glühlampe schauen kann. Es wird ihm das Gerät erklärt und ihm gezeigt, daß durch Drehen der Kurbel eine Veränderung der Glühfadenhelligkeit eintritt. Durch eigene Proben gewinnt er die Sicherheit in der Handhabung und überzeugt sich ferner von den Reizstufen. Dann wird der Normalreiz gegeben, in diesem Falle bei der Zeigerstellung 25 der Skala. Die Temperatur entspricht der des erstarrenden Eisens. Von einer höheren Temperatur wurde abgesehen, um das Auge nicht zu blenden. Der Prüfling erhält die Aufgabe, sich die Glühfarbe genau zu merken und sie nachher in genau der gleichen Helligkeit fünfmal nacheinander einzustellen. Nach seiner Erklärung, daß er sich die Farbe gemerkt habe, wird die Lampe heller gestellt und die erste Probe gemacht. Nach der Ablesung auf der Skala und Verstellen des Schiebers findet die zweite Probe statt. Die Verschiebung erfolgt unregelmäßig, bald mehr, bald weniger hell, um jeden Anhalt für das Einstellen auszuschalten. Auch ein Merken der Umdrehungszahlen beim Verstellen kann nicht eintreten, da die Verschiebung der Mutter von Hand möglich ist, sobald der Deckel gehoben wird. Bei geschlossenem Deckel greifen Mutter und Schraube ineinander, und Mutter mit Schieber werden durch Drehen der Kurbel in Bewegung gesetzt. Als Maßstab für die Leistung gilt die mittlere Variation, da es auch hier auf die Sicherheit des Wiedererkennens ankommt.

Die Beobachtung des Prüflings während der Arbeit gibt dem Prüfleiter auch bei diesem Gerät wichtigen Aufschluß über die Arbeitsart des Prüflings. Deutlich unterscheiden sich die Vorsichtigen, die immer wieder von neuem einstellen, um es ganz besonders gut zu machen, von den Leichtfertigen, die ohne lange Überlegung auf einen bestimmten Wert einstellen. Diese Beobachtungen wurden bei der Auswertung nicht berücksichtigt, da sie schwer in einem Wertmaßstab auszudrücken sind.

Das Gerät ermittelt Sinn für Glühfarben, Unterschiedsempfindung des Auges, Gedächtnis für Glühfarben sowie Zusammenarbeit zwischen Auge und Hand.

7. Legeprobe.

Zur Prüfung des räumlichen Vorstellungsvermögens sind bereits einige Proben veröffentlicht (20, 48)[1], (9)[2], die jedoch für die beim Gießereifacharbeiter vorliegenden Verhältnisse nicht passen. Zwei Gesichtspunkte waren bei dem neuen Entwurf der Probe maßgebend. Einmal sollte das Prinzip der Herstellung (52)[3], (30)[4], die Freude am eigenen Schaffen, das Auswirken des Betätigungsdranges benutzt werden, sodann sollte die Vorstellung im Negativen, die beim Former ganz besonders ausgeprägt sein muß, in die Prüfung mit hineingenommen werden.

Diese Bedingungen sind durch die Legeprobe (Abb. 18) erfüllt. Das Gerät gestattet weiterhin eine Kontrolle darüber, ob die Aufgabe verstanden ist und folgt dem pädagogischen Grundsatze, vom Leichteren zum Schwereren fortzuschreiten.

Zu der Probe gehören fünf Vorlagen 1—5, sowie ein Kasten 6 und eine Reihe Holzklötze 30 × 30 × 20 mm 7. Die Vorlage 1 dient zur Erklärung der Aufgabe und gibt dem Prüfling Gelegenheit, sich hineinzuarbeiten. Die Instruktion verlangt, daß die Klötzchen 7 einzeln derart in den Kasten 6 hineingelegt werden, daß der verbleibende freie

[1] S. 14. [2] S. 67. [3] S. 300. [4] S. 119.

Raum der Vorlage 1 entspricht. Dem Gießereikundigen wird gesagt, daß der Kasten dann die Form zu der Vorlage als Modell bildet. Die Kontrolle für die Richtigkeit soll dadurch ausgeübt werden, daß die Vorlage in den Kasten gelegt wird und dann den ganzen freien Raum ausfüllen muß. Als Anleitung zur Lösung wird verlangt, daß der Prüfling Stück für Stück der Vorlage in der Vorstellung dreht und in den Kasten hineinpaßt. Bei der Vorprobe wird gestattet, die Vorlage zu drehen und sie in Wirklichkeit hineinzupassen. Von dieser Erlaubnis wurde durchweg Gebrauch gemacht, so daß anzunehmen ist, daß eine Instruktion allein nicht genügt hätte. Auch Hinweise des Prüfleiters auf Fehler werden zugelassen. Wenn sich der Prüfling dann die erste Lösung erarbeitet hat, wird die Vorlage auf der Grundplatte um 180° gedreht und eine zweite Vorprobe gemacht. Dabei zeigte es sich, daß eine ganze Reihe von Prüflingen die Aufgabe noch nicht verstanden hatte. Nachdem auch diese richtige Lösung gefunden ist, kann mit Recht angenommen werden, daß nunmehr volles Verständnis herrscht.

Abb. 18. Legeprobe.

Bei der eigentlichen Prüfung wird eine Hilfe nicht mehr gestattet, der Prüfling muß vielmehr die Lösung selbst finden, auch ohne die Vorlage anzufassen. Es werden nacheinander die Vorlagen 2, 3, 4 und 5 gegeben und zwar bei jeder Prüfung von derselben Seite. Die Zeit bis zur vermeintlichen Lösung einer jeden Teilaufgabe wird mit der Stoppuhr gemessen, ferner werden die Fehler in Gegenwart des Prüflings festgestellt. Für jedes Klötzchen, das zu viel oder zu wenig eingelegt wurde, wird ein Fehlerpunkt gerechnet. Die Kenntnis der gemachten Fehler wirkte sich sehr günstig für die nächste Teilaufgabe aus, da sie einen kräftigen Anstoß zu größerer Aufmerksamkeit gab. War das Ergebnis gut ausgefallen, so wurde vielfach die Schwierigkeit der nächsten Aufgabe unterschätzt, was sich in Zeit und Fehlerzahl ausdrückte. War jedoch das Ergebnis schlecht ausgefallen, so wurde die nächste Aufgabe mit besonderer Sorgfalt erledigt. Bei diesem öfteren Wechsel der Einstellung entstehen starke Schwankungen der Teilleistungen, aber das Gesamtergebnis zeigt ein sehr gutes Bild der Fähigkeiten. Die Aufgaben werden immer schwieriger, die wachsende Zeit und Fehlerzahl deutet an, daß die inzwischen eingetretene Übung die wachsende Schwierigkeit nicht ausgleicht. Während des Einlegens der Klötze ist auch ein Einblick zu gewinnen, wie der Prüfling eine solche Arbeit anfaßt. Nur wenige gingen überlegend schrittweise vor, die Mehrzahl versuchte durch Probieren das Richtige zu treffen. Einige versteiften sich auf einen bestimmten Anfang und blieben vor einer Schwierigkeit lange stehen. Andere warfen alle Klötze heraus, wenn sie nicht weiter konnten, um ganz von vorn wieder zu beginnen. Es gab sogar einige, die eine Teilaufgabe mit großem Verständnis glatt erledigten und bei der nächsten, durch eine neue Schwierigkeit irregeworden, vollständig falsch anfingen. Die besonders Vorsichtigen, Unsicheren entschieden sich erst nach langer Nachkontrolle und unter sichtlichem Willensaufwand, die Aufgabe für fertig zu erklären. Es muß vermieden werden, daß die übrigen Prüflinge die Lösung der Aufgabe verfolgen können.

Die Probe verschafft somit einen wichtigen Einblick in die Arbeitsart des Prüflings. Für die Auswertung wurden nur exakte Zahlen benutzt. Diese sind die Gesamtzahlen der Fehlerpunkte und die Summe der Einzelzeiten. Die Probe prüft das räumliche Vorstellungsvermögen unter besonderer Berücksichtigung der Anforderung in der Gießerei. Ferner stellt sie eine starke Aufmerksamkeitsleistung dar und verlangt eine gewisse Handgeschicklichkeit.

8. Raumvorstellungsprobe.

Die große Bedeutung des räumlichen Vorstellungsvermögens für den Gießereifacharbeiter ließ es notwendig erscheinen, diese Fähigkeit durch eine zweite Probe zu erfassen. Es wurden die im Psychotechnischen Institut der Technischen Hochschule zu Charlottenburg ausgearbeiteten Rybakowfiguren (25,48)[1] gewählt (Abb. 19). Bei den Vorversuchen stellte es sich als zweckmäßig heraus, die Figuren in zwei Gruppen einzuteilen. Zuerst wurden die Figuren A, B, C, D und E dargeboten. Jeder Prüfling erhält ein Blatt nach Abb. 19 und muß es mit der Vorderseite nach unten auf seinen Platz legen. Sodann wird die Aufgabe an einem Blatt durch den Prüfleiter erklärt und folgende Aufgabe gestellt. Jede der Figuren links vom dicken Strich, also A bis E, ist durch einen einzigen geraden Strich mit dem Bleistift so zu teilen, daß die beiden Teile in der Ebene des Papieres durch Verschieben

[1] S. 14.

oder Drehen zu einem Rechteck zusammengesetzt werden können. Es ist dabei in Gedanken das eine Stück abzutrennen und solange zu schieben oder zu drehen, bis es mit dem verbleibenden Stück ein Rechteck bildet.

Die Vorversuche hatten weiter ergeben, daß viele Prüflinge nicht mit Sicherheit ein Rechteck kannten, daher wurde bei den Versuchen ein solches aufgezeichnet. Auch das Verschieben und Drehen mußte an einem Beispiel (rechtwinkliges Dreieck) klargelegt werden. Wenn alles verstanden ist, müssen auf ein Zeichen des Prüfleiters hin die Blätter gewendet werden, und die Prüfung beginnt. Nach der vermeintlichen Lösung hat der Prüfling sich bemerkbar zu machen und seinen Bogen wieder zu wenden. Der Zeitverbrauch wird mit der Stoppuhr gemessen.

Abb. 19. Raumvorstellungsprobe.

Für die zweite Gruppe Figur *F*, *G* und *H* wird sodann verlangt, daß die mit Zahlen bezeichneten Teilfiguren in Gedanken durch Verschieben oder Drehen in der Ebene des Papieres in die Hauptfigur zu bringen sind, so daß die Hauptfigur vollständig damit ausgefüllt wird. Die Trennlinien sind durch Bleistiftstriche anzugeben und die zugehörigen Zahlen der Teilfiguren in die Hauptfigur einzutragen. Wenn Schieben oder Drehen nicht ausreichen sollte, ist ein Klappen zulässig. Der Zeitverbrauch für die Lösung der zweiten Aufgabengruppe wird ebenfalls für jede Person festgestellt. Die Bewertung erfolgt nach Zeit und nach Punkten, die später festgestellt werden.

Die Prüfung konnte sich gleichzeitig auf mehrere Prüflinge erstrecken, da die Platzverteilung eine unerlaubte Einsicht in die Arbeit des Nachbars nicht zuließ.

Auch diese Probe bietet die Möglichkeit, über die Arbeitsart des Prüflings Beobachtungen anzustellen, jedoch gelingt das nur selten bei mehreren Personen gleichzeitig. Die Aufgabe erfordert ein hohes Maß des zweidimensionalen Vorstellungsvermögens, gute Aufmerksamkeit, sowie auch Schätzungsvermögen für Flächengrößen.

9. Durchstreichprobe.

Obwohl in den bisher genannten Proben bereits mehrfach Aufmerksamkeitsleistungen verlangt wurden, ist für die Prüfung der Daueraufmerksamkeit noch eine besondere Probe vorgesehen worden unter Benutzung des von Friedrich (18, 21, 59) angegebenen Figurenblattes, das für das Vorstellungsvermögen der Gießereifacharbeiter besonders geeignet erscheint.

Abb. 20. Durchstreichprobe.

Jedem Prüfling wird ein doppelseitig mit Figuren bedrucktes Blatt überreicht, auf dem drei Figuren der ersten Zeile durchgestrichen sind. Abb. 20 zeigt einen Ausschnitt. Das Blatt wird dann von dem Prüfleiter erklärt und die Aufgabe gestellt, erst die eine Seite, dann die andere Seite des Blattes Zeile für Zeile durchzusehen und die drei gekennzeichneten Figuren durchzustreichen, wenn sie vorkommen. Jeder soll sich bemühen, alle Figuren aufzufinden, aber auch so schnell als möglich fertig zu werden. Bei dieser Aufgabe gingen alle Prüflinge sofort mit großem Eifer an die Arbeit, so daß angenommen werden kann, daß die Aufgabe für leicht gehalten wurde, und doch war keine Lösung fehlerlos.

Die verbrauchte Zeit wird sofort festgestellt, während dies für die Zahl der Fehler später geschieht. Als Fehler gilt jede nicht durchgestrichene gekennzeichnete Figur und jede durchgestrichene nicht gekennzeichnete Figur.

Die Probe erfaßt die Daueraufmerksamkeit und die Gewissenhaftigkeit. Sie begünstigt den, der ein gutes Gedächtnis für Figuren besitzt.

10. Stapelprobe.

Einen Einblick in die Arbeitsart soll die Stapelprobe verschaffen, wie sie von Heller (27, 28) angewandt wird. Zu der Probe (Abb. 21) gehören 30 Holzklötze 100 × 100 × 25 mm, die vor Beginn der Prüfung auf einem normalen Tisch aufgestapelt sind. Die Aufgabe verlangt, die Klötzchensäulen *a* abzubauen und sie links daneben *b* in einem Abstand von 300 mm wieder aufzuschichten. Die Klötzchen sollen mit der rechten Hand einzeln abgehoben und auf diejenigen der neuen Säule aufgelegt werden. Dabei muß das Bestreben vorherrschen, die vier Seiten möglichst gut zur Deckung zu bringen, damit die aufgebaute Säule möglichst lotrecht, glatt und unverdreht entsteht. Ein Verschieben oder Ausrichten der Klötze nach der Berührung mit dem aufzubauenden Stapel ist nicht zulässig. Über die Geschwindigkeit der Ausführung bestehen keine Vorschriften. Es werden die Zeit

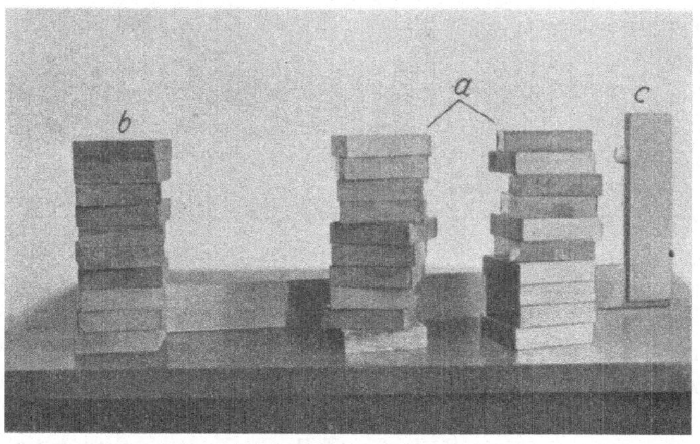

Abb. 21. Stapelprobe.

mit der Stoppuhr und die Güte der Arbeit mit Hilfe von Winkel *c* und Maßstab als die größten Abstände der Klötzchensäule von der Senkrechten an allen vier Seiten gemessen. Der Bewertung wird das arithmetische Mittel zugrundegelegt.

Die Probe gibt Anhaltspunkte für die Anstelligkeit und Geschicklichkeit bei Ausführung von kombinierten Hand- und Armbewegungen und sucht das angeborene Arbeitstempo zu ermitteln. Die Ausführung der Aufgabe zeigte wie bei Heller große Unterschiede. Auch in die natürliche Arbeitsart läßt die Probe einen Einblick tun und auf Ordnungsliebe und Gewissenhaftigkeit schließen.

11. Zusammenfassung.

Es sind somit die auf Tab. 2 zusammengestellten Eigenschaften durch die Prüfung erfaßt. Es erwies sich als zweckmäßig, mit zwei Prüfleitern nach einem bestimmten Plan zu arbeiten, derart daß der

Tabelle 2. Zusammenstellung der von den Prüfgeräten erfaßten berufswichtigen Fähigkeiten.

Probe	Fähigkeiten
Langsames Stabheben . . .	Ruhe und Sicherheit der Hand, Zusammenarbeit von Auge und Hand, Aufmerksamkeit für kurze Zeit, Führung und Beherrschung der Bewegung.
Schnelles Zielstechen	Wie beim Ruheprüfer, dazu Arbeitsart.
Stampfer	Empfindung in den Gelenken und Muskeln, Impulsbeherrschung, Gedächtnis für Stoß, Stoßgefühl.
Fingerdruckprüfer	Muskelgefühl, Gelenkempfindungen, besonders des Fingers, Gelenkgedächtnis.
Handdruckprüfer	Muskelkraft.
Glühfarbengerät	Unterschiedsempfindung des Auges für Glühfarben, Gedächtnis für Glühfarben, Empfinden für Farbenänderung, Schwelle.
Legeprobe	Räumliches Vorstellungsvermögen, Aufmerksamkeit, Handgeschicklichkeit, Arbeitsart.
Raumvorstellungsprobe . . .	Zweidimensionelles Vorstellungsvermögen, Aufmerksamkeit, Schätzung von Flächengrößen.
Durchstreichprobe	Daueraufmerksamkeit, Gewissenhaftigkeit, Gedächtnis für Formen.
Stapelprobe	Anstelligkeit, Geschicklichkeit, Arbeitsart, Arbeitstempo, Ordnungsliebe, Gewissenhaftigkeit.

eine die Probe machte, die den Prüfling von den übrigen isolierte und der andere solche Proben, die einen gesunden Wettbewerb veranlaßten. Begonnen wurde stets mit dem Handdruckprüfer und mit der ganzen Gruppe, damit die Benommenheit und Befangenheit verschwand. Bei zweckmäßiger Einteilung gelang es, fünf Prüflinge in drei Stunden mit zwei Prüfleitern zu prüfen. Im allgemeinen konnte ein reges Interesse für die Prüfung festgestellt werden auch bei den Formern, die sich freiwillig gemeldet hatten.

D. Auswertung.

Die Ergebnisse der Eignungsprüfung können nicht unmittelbar miteinander verglichen werden, da eine Einheitlichkeit vollständig fehlt. Erst die Auswertung schafft den objektiven Maßstab und bildet das streng sachliche Urteil, damit die Leistung des Prüflings in einer einzigen Zahl ausgedrückt werden kann, die unabhängig vom eigenen Ermessen des Prüfleiters und frei von allen persönlichen Regungen des Wohlwollens oder Mißfallens ist. Das Auswertungsverfahren ist mit dem Bewußtsein der hohen Verantwortlichkeit auf das sorgfältigste auszubilden, da es auf das Schicksal der Prüflinge von bestimmendem Einfluß werden kann.

Das Urteil muß so beschaffen sein, daß es unmittelbar einen Vergleich mit den Leistungen der anderen Prüflinge am gleichen Gerät zuläßt und außerdem die einzelnen Proben so bewertet, daß sie miteinander verglichen und verbunden ein Bild von der Gesamtveranlagung des Prüflings geben können. Die Bildung der Urteile, ausgedrückt in Wertzahlen (WZ.) zielt auf die Unterteilung einer großen Anzahl von tatsächlichen Prüfungsergebnissen hin, benutzt somit die statistischen Grundsätze und die Gesetze der Kollektivmaßlehre. Es wird dadurch ein Leistungsmaßstab geschaffen, der jeder Prüfleistung eine Wertzahl zuordnet und damit zugleich eine Eichung des Prüfverfahrens vornimmt. Jede spätere Prüfleistung kann dann jederzeit auf Grund des ermittelten Maßstabes beurteilt werden.

Von den verschiedenen gebräuchlichen Verfahren soll hier im wesentlichen das des psychotechnischen Institutes der Technischen Hochschule in Charlottenburg (29) benutzt werden, das sich an das Verfahren von Schreiber (73) anlehnt.

1. Langsames Stabheben.

Der Prüfapparat (Abb. 10 und 11) kann als ein Gerät mit objektivem Nullpunkt (29)[1] betrachtet werden. Bei der bestmöglichen Leistung

Tabelle 3. Ergebnisse der Prüfung vom langsamen Stabheben.

VP. Nr.	PZ. AM.	Rang-Platz	WZ.	VP. Nr.	PZ. AM.	Rang-Platz	WZ.
1	45,0	40	83	24	39,2	29	64
2	42,2	35	74	25	30,8	14	37
3	36,2	24	54	26	32,4	18	43
4	31,0	15	38	27	38,2	27	61
5	24,8	8	20	28	29,2	12	34
6	19,0	2	8	29	31,6	16	40
7	22,6	5	15	30	40,6	31	68
8	35,0	21	50	31	33,8	20	46
9	19,2	3	9	32	33,0	19	44
10	43,6	38	78	33	24,0	6	18
11	22,0	4	13	34	38,4	28	62
12	32,0	17	42	35	36,0	23	53
13	24,4	7	20	36	42,6	36	75
14	28,8	11	32	37	49,8	42	93
15	37,8	26	60	38	56,0	44	100
16	28,4	10	31	39	—	—	—
17	29,4	13	34	40	—	—	—
18	35,2	22	52	41	40,8	32,5	69
19	26,2	9	25	42	43,4	37	77
20	39,8	30	65	43	43,8	39	80
21	36,6	25	55	44	47,4	41	91
22	14,2	1	14	45	41,2	34	71
23	52,0	43	96	46	40,8	32,5	69

[1] S. 46.

wird der konische Stab 100 mm herausgezogen, folglich wäre 100 der objektive Nullpunkt. Die fünf von dem Prüfling auszuführenden Proben schwanken um den subjektiven Nullpunkt. Dieser subjektive Nullpunkt stellt ein Maß für die Leistung dar, weil die Ruhe und Sicherheit der Hand offenbar mit der Länge des Auszuges in engstem Zusammenhang steht. Je größer die Zahl, um so höher ist somit die Leistung. Eine Versuchsperson (VP.) erzielte z. B. 43, 38, 37, 46, 53 mm, so daß das arithmetische Mittel (AM.) von diesen Zahlen 43,4 ist. Diese Zahl bildet den subjektiven Nullpunkt und damit zugleich seine Prüfzahl (PZ.). Die Größe der Schwankungen um diesen Nullpunkt spielt in diesem Falle für die Bewertung der Leistung eine untergeordnete Rolle. Die Zusammenstellung sämtlicher Prüfzahlen und die daraus entwickelte Rangreihe, mit der kleinsten beginnend, zeigt Tab. 3.

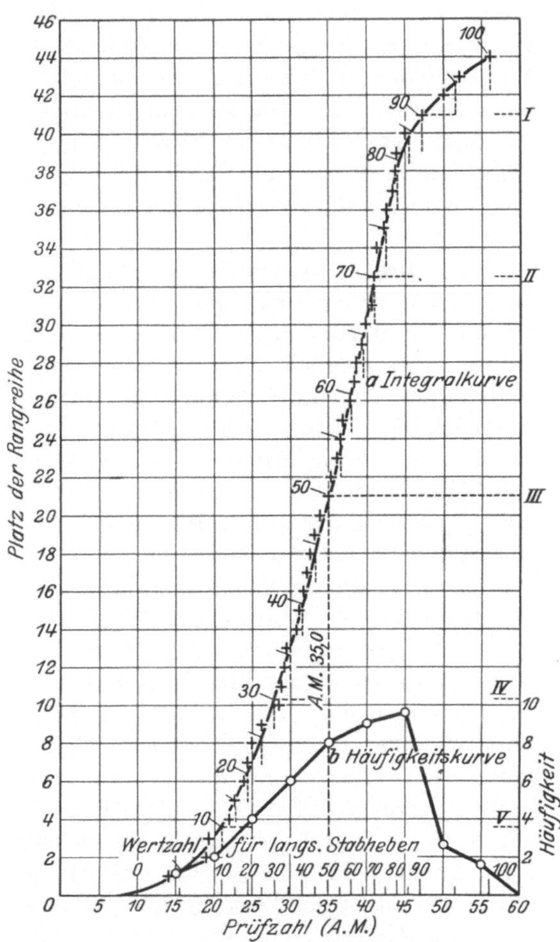

Abb. 22. Auswertungskurven für langsames Stabheben.

Die Unterteilung der Prüfungsergebnisse zur Ermittlung der Urteile erfolgte mit Hilfe der Integralkurve. Herwig (29) entwickelt sie aus der Häufigkeitskurve, deren Ungenauigkeiten er mit übernehmen muß. Diese Ungenauigkeiten können bei einer geringen Anzahl von Prüflingen eine große Rolle spielen, daher wurde im vorliegenden Falle die Integralkurve unmittelbar ermittelt. Auf die Abszisse eines rechtwinkligen Achsenkreuzes wurden sämtliche vorkommenden Prüfzahlen, mit der kleinsten beginnend, aufgetragen (Abb. 22). Die Ordinate enthält sämtliche Plätze einer Rangreihe. Es entspricht somit einem jeden Teilstrich ein Prüfling, und die Zahl gibt den Platz des Prüflings in der Rangreihe und gleichzeitig die Häufigkeitssumme bis dahin an.

In dem entstehenden Feld wurde nun einem jeden Platz das entsprechende Prüfungsergebnis, die Prüfzahl (PZ.), zugeordnet und mit einem + gekennzeichnet. Es entsteht eine Punktreihe, durch die eine glatte Kurve, die Integralkurve (Abb. 22a) gelegt wurde. Aus ihr ist die Häufigkeitskurve durch Differenzieren zu erhalten, und für jeden endlichen Bereich der Prüfzahlen ist die Häufigkeit des Vorkommens unmittelbar abgreifbar. Abb. 22b enthält die Häufigkeiten für je fünf Prüfzahlen. Diese Kurve wurde zur Kritik des Prüfverfahrens herangezogen und zeigt den charakteristischen Verlauf mit deutlich ausgeprägtem Maximum.

Diese direkte Integralkurve ermöglicht es auch, bei einer geringen Zahl von Prüflingen eine Eichung von Prüfgeräten vorzunehmen, was für die Einführung neuer Geräte von großer Bedeutung ist. Nicht immer ist es möglich, hunderte von Versuchspersonen zur Verfügung zu erhalten, um die Eichkurve für ein neues Gerät aufzustellen. Der Ausgleich der kleinen Zufälligkeiten bei der Prüfung gelingt durch Ziehen der glatten Kurve in vollkommener Weise. Es ist selbstverständlich, daß mit der Zunahme der Zahl der Prüflinge eine Kontrolle und Ergänzung der Integralkurve erfolgen muß, um die Urteile auf eine möglichst breite Basis zu stellen.

Die Unterteilung der Integralkurve zur Ermittlung der Urteile (Wertzahlen, WZ.) wurde nach dem Verfahren von Herwig (29) vorgenommen, jedoch wurden nicht nur 5, sondern 100 Wertzahlen gebildet. Es sollte damit für die Kombination zu Urteilen eine größere Genauigkeit erzielt und auf die in Technik und Physik bewährte Dezimalteilung hingewirkt werden. Couvè (9) verwendet sie bereits neben der Fünferteilung und Giese (23, 24, 25) baut sein psychologisches Prozentprofil darauf auf. Als wichtigstes Bezugsmaß gilt das arithmetische Mittel der ganzen Versuchsreihe, im vorliegenden Falle 35,0 (Abb. 22). Der zu dieser Prüfzahl gehörige Kurvenpunkt entspricht der mittleren Leistung und erhält die Wertzahl 50. Eine Parallele zur Abszissenachse durch diesen Punkt ergibt Punkt III. Wird der Abstand von der Abszissenachse halbiert, so ergibt dies Punkt IV, und wird der Abstand bis zum Scheitel der Kurve halbiert, entsteht Punkt II. Beide Punkte auf die Kurve übertragen, bezeichnen die Wertzahlen 30 bzw. 70. Werden diese Punkte wiederum auf die Abszissenachse projeziert, und werden die Abstände der dort liegenden Wertzahlen von dem arithmetischen Mittel (35,0) nach links und rechts übertragen, so entsprechen die erhaltenen Prüfzahlen den Wertzahlen 10 und 90. Durch Teilung der Abstände entstehen jeweils die Wertzahlen 20, 40, 60, 80 ebenso weiter die Fünferwertzahlen. Die beste Leistung erhält 100, die schlechteste 0. Sämtliche Wertzahlen werden

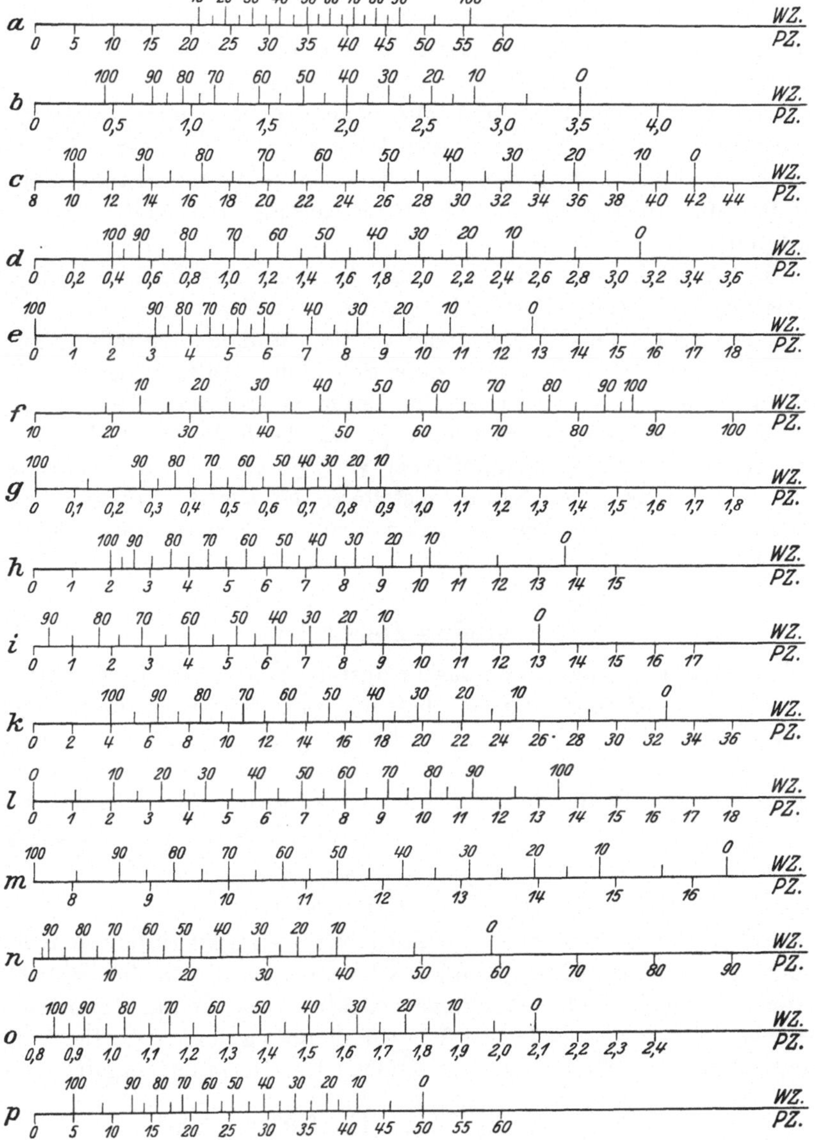

Abb. 23. **Leistungsmaßstäbe der einzelnen Proben.**

auf die Abszissenachse projeziert und ergeben dort den Leistungsmaßstab (Abb. 23a), der ohne Kenntnis der Integralkurve benutzt

4*

werden kann und bequem in der Anwendung ist. Es bestehen somit folgende Beziehungen:

Wertzahl 100-Teilung	10	30	50	70	90
Wertzahl nach Herwig	5	4	3	2	1

Vorstehende Methode ist für sämtliche Geräte und Proben verwendbar und hat den großen Vorteil, daß die verschiedenen Geräte und Proben in ihrem Urteil gleichartig sind, also ohne Bedenken miteinander verglichen und auch kombiniert werden können. Selbst die verschiedenen Schwierigkeiten der Aufgaben sind erfaßt, da die beste Leistung immer mit 100, die mittlere mit 50 und die schlechteste mit Null bezeichnet wird (39).

Die Integralkurve (Abb. 22a) zeigt den charakteristischen Verlauf: flachen Anstieg, steilen Verlauf in der Mitte und flachen Auslauf. Noch deutlicher bringt die Häufigkeitskurve die Häufigkeitsverteilung zum Ausdruck. Sie zeigt, daß eine gute Scheidung (Differenzierung) der Leistung vorliegt, und beweist die Brauchbarkeit des Gerätes. Sie zeigt ferner die bekannte Erscheinung, daß die Kurve nach der Seite der schlechteren Leistung hin flacher verläuft als nach der Seite der besseren Leistung. Die Zusammenstellung der aus der Integralkurve entnommenen Wertzahlen für jeden Prüfling enthält ebenfalls die Tabelle 3.

2. Schnelles Zielstechen.

Die Auswertung der durch das Prüfgerät (Abb. 12) erhaltenen Prüfzahlen für Zeitleistung und Güteleistung sollte wiederum durch Integralkurven erfolgen, jedoch war vorher zu prüfen, ob eine Beziehung zwischen Zeit und Fehler bestand. Zu diesem Zweck wurde die Rangkorrelation mit Hilfe der Krüger-Spearmannschen Formel berechnet (9, 28, 29[1], 30[2], 80). Der Korrelationskoeffizient ϱ ergibt sich

$$\varrho = 1 - \frac{6\,\Sigma d^2}{n \cdot (n^2 - 1)}$$

worin Σd^2 die Summe aller Quadrate von den Platzdifferenzen der beiden aus den Prüfzahlen gebildeten Rangreihen, und n die Zahl der in der Reihe befindlichen Prüflinge bedeutet. Der Koeffizient ϱ kann zwischen $+1$ für vollständige Übereinstimmung und -1 für vollständige Gegensätzlichkeiten schwanken. Die Rechnung ergab

$$\varrho = 1 - \frac{6 \cdot 11504}{42 \cdot (1762 - 1)} = 1 - 0{,}935 = 0{,}065.$$

Dieser Wert liegt nahe an Null und beweist, daß für dieses Gerät keinerlei Beziehung zwischen Zeit und Fehlerzahl besteht.

[1] S. 53. [2] S. 121.

Jede der beiden Prüfzahlreihen wurde daher vollständig selbständig mit Hilfe von Integralkurven nach dem bereits angegebenen Verfahren ausgewertet. Die Trennung ist auch deswegen zweckmäßig, weil erfahrungsgemäß der Former zu den langsam und vorsichtig arbeitenden Menschen gehört. Als Erklärung dafür könnte die ständig bestehende Ausschußgefahr und die Empfindlichkeit der Sandform dienen.

Die Leistungsmaßstäbe für Zeit und Fehler zeigen Abb. 23b und c. Der Verlauf der Integral- und Häufigkeitskurven ist aus Abb. 24b

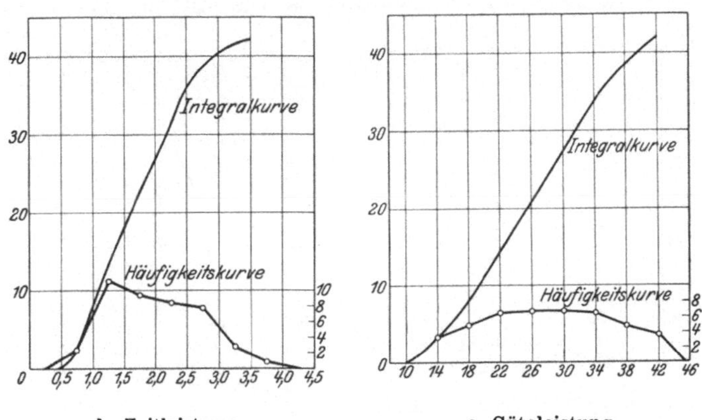

b. Zeitleistung. c. Güteleistung.

Abb. 24. Auswertungskurven für schnelles Zielstechen.

und c ersichtlich, die eine gute Differenzierung der Leistungen zeigen, so daß auch dieses Gerät als brauchbar gelten kann.

3. Stampfer.

Der Stampfer (Abb. 13) ist das Beispiel für ein Gerät, bei dem ein Reiz gegeben wird, und der Prüfling einen gleich großen, den Äquivalenzreiz, herzustellen hat. Es ist demnach auch das bewährte Prinzip der Herstellung angewandt. Um die einzelnen Leistungen miteinander vergleichen zu können, ist der Ausgangsreiz für alle Prüflinge gleich gehalten. Es sind somit die Zahlen der Prüfung ohne weiteres zu verwenden. Für die Beurteilung der Leistung bei der Stampferprobe kommt es offenbar auf das arithmetische Mittel der Stöße weniger an, denn das Empfinden für die Stärke des Stoßes ist subjektiv. Die Stärke wird durch die Vorprobe und durch den Versuchsleiter einreguliert, aber die Schwankungen um den Mittelwert, die mittlere Variation, ist von ausschlaggebender Bedeutung für die Bewertung. Sie gibt an, mit welcher Regelmäßigkeit der Prüfling die Stampferstöße ausführen kann. Es ist derjenige Prüfling der bessere, der die geringste Schwankung darin aufzuweisen hat. Es ist daher für jeden Prüfling die mittlere Variation festgestellt.

Der Leistungsmaßstab ist in Abb. 23d und die Integral- und Häufigkeitskurve sind in Abb. 25d wiedergegeben. Letztere zeigt eine gute Differenzierung und im Bereiche der schlechteren Leistung die größere Ausdehnung.

4. Fingerdruckprüfer.

Für die Auswertung der Ergebnisse des Fingerdruckprüfers (Abb. 14 und 15) sind dieselben Gesichtspunkte maßgebend wie beim Stampfer. Als Maß für die Leistung des Prüflings ist die mittlere Variation zu be-

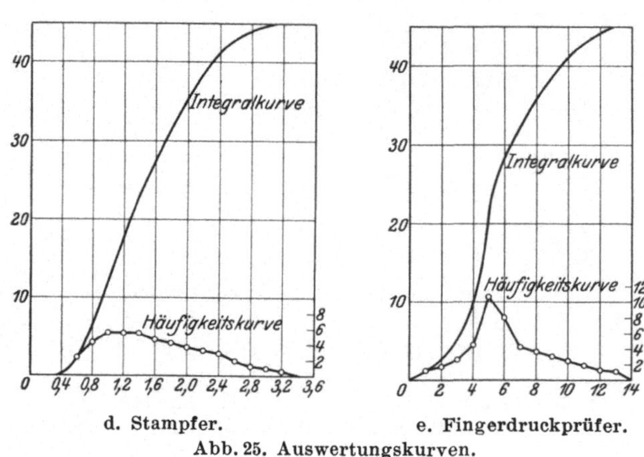

d. Stampfer. e. Fingerdruckprüfer.

Abb. 25. Auswertungskurven.

trachten, denn für seine Bewährung im Betrieb ist es von untergeordneter Bedeutung, welchen absoluten Wert der Festigkeit vom Former beim Prüfen einer Form empfunden wird, d. h. auf das Gerät angewandt, wie groß der absolute Fehler ist. Die Korrektur dieses Wertes wird im Betrieb selbsttätig durch das Ergebnis seiner Arbeit, durch seine Erfahrung erfolgen, jedoch können ihn große Unsicherheit in der Bestimmung der Festigkeit, d. h. große Schwankungen für die Beurteilung einer Form, minderwertig machen.

Den Leistungsmaßstab enthält Abb. 23e und die Integral- und Häufigkeitskurve Abb. 25e.

5. Handdruckprüfer.

Für den Handdruckprüfer (Abb. 16) kann nur die Größe der Muskelleistung der Auswertung zugrundegelegt werden. Als Maß für die Leistung gilt das arithmetische Mittel aus fünf Versuchen. Abb. 23f zeigt den Leistungsmaßstab und Abb. 26f die Integral- und Häufigkeitskurven. Letztere zeigt wieder eine gute Scheidung der Leistungen, jedoch ist die Probe nicht stetig, sondern zeigt Andeutungen eines zweiten Gipfels. Dieser Gipfel ist darauf zurückzuführen, daß neben

Jugendlichen erwachsene Former geprüft wurden. Die Leistungen der letzteren liegen vorwiegend bei den höheren Zahlen und beeinflussen damit die Kurve in der vorliegenden Weise.

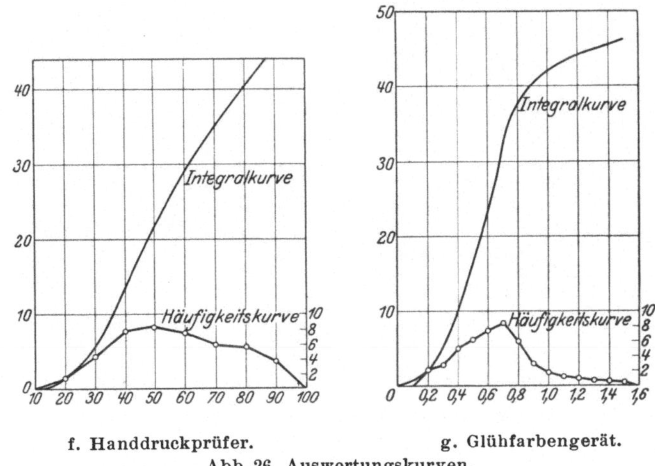

f. Handdruckprüfer. g. Glühfarbengerät.

Abb. 26. Auswertungskurven.

6. Glühfarbengerät.

Auch beim Glühfarbengerät (Abb. 17) ist die Sicherheit im Wiedererkennen der Glühfarbe der ausschlaggebende Gesichtspunkt. In der Gießerei durchläuft das glühende, flüssige Eisen beim Abkühlen sämtliche Glühfarben, und die wichtige Aufgabe für den Gießer besteht darin, den Guß bei einer bestimmten, durch praktische Versuche und Erfahrungen festgelegten Temperatur vorzunehmen. Diese Temperatur muß aber auch erkannt werden können, d. h. die Schwellenwerte müssen möglichst nahe beieinander liegen. Die Maßzahl für die Sicherheit stellt die mittlere Variation dar.

Die Ergebnisse der vorgenommenen Prüfungen bringen Abb. 23g und 26g.

7. Legeprobe.

Die Legeprobe (Abb. 18) bringt Zeit und Fehlerwerte, deren Beziehung zueinander vorerst festgestellt werden muß. Die Korrelationsrechnung ergab $\varrho = 0{,}174$, der wahrscheinliche Fehler

$$r = 0{,}706 \frac{1 - \varrho^2}{\sqrt{n}} = 0{,}102$$

und das Verhältnis der beiden $\frac{\varrho}{r} = 1{,}7$. Eine Korrelation zwischen Zeit und Fehler besteht nicht, da ϱ nahe an 0 und $\frac{\varrho}{r} = 1{,}7$ ist, während es mindestens 5 sein müßte. Es wurde daher wiederum jede der Prüfzahlreihen für sich ausgewertet. Die Bewertung geht aus Abb. 23h und i und der Verlauf der Kurven aus Abb. 27 h und i hervor.

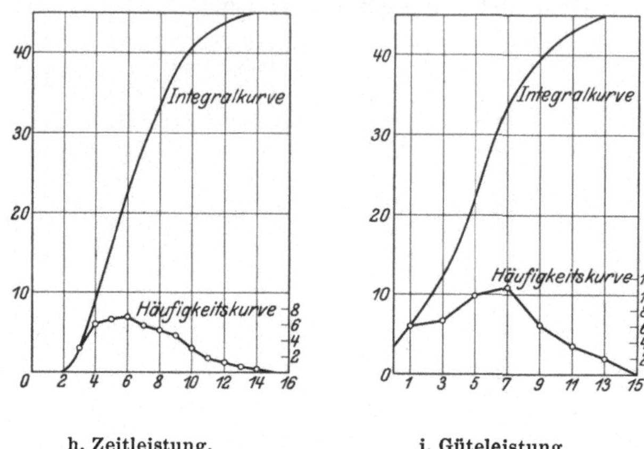

h. Zeitleistung. i. Güteleistung.

Abb. 27. Auswertungskurven der Legeprobe.

8. Raumvorstellungsprobe.

Eine Probe mit mehreren verschieden schwierigen Aufgaben (29[1], 30[2]), stellt die Raumvorstellungsprobe (Abb. 19) dar. Das Teilen der Figur *D* ist schwieriger als das Teilen der Figur *A*, und die Zusammensetzaufgabe *G* ist offensichtlich noch schwieriger. Es muß daher Punktbewertung angewandt und für jede Teilaufgabe eine Gewichtszahl ermittelt werden, die die Schwierigkeit berücksichtigt, und die Ergebnisse der Teilaufgaben gleichwertig macht. Es wurde vorab jede Teilaufgabe so bewertet, daß die richtige Lösung einen „vorläufigen Punkt" und die Teillösungen einen „halben vorläufigen Punkt" erhalten. Die Ergebnisse an „vorläufigen Punkten" sind auf Tab. 4 zusammengestellt.

Tabelle 4. Ermittlung der Gewichtszahlen für die Raumvorstellungsproben.

	Fig. A	Fig. B	Fig. C	Fig. D	Fig. E	Fig. F	Fig. G	Fig. H
Anzahl der richtigen Lösungen	41	38	31	20	18	14	2	25
Anzahl der Teillösungen . .	—	—	—	—	—	16	17	—
Summe der vorläufigen Punkte	41	38	21	20	18	22	10,5	25
Gewichtszahlen	1	1	2	2	2	2	4	1,5
Summe der endgültigen Punkte	41	38	42	40	36	44	42	37,5

Naturgemäß wurde die leichteste Aufgabe von der größten Zahl der Prüflinge gelöst, während die schwierigste von nur wenigen gelöst

[1] S. 48. [2] S. 132,

wurde. Diese Ergebnisse zeigen unmittelbar die Abstufungen der Schwierigkeiten und den Weg für die Festsetzung der Gewichtsziffern. Wenn für die Lösung der Aufgabe A ein Punkt gegeben wird bei 41 richtigen Lösungen, so sind für Aufgabe C zwei Punkte zu geben bei 21 richtigen Lösungen. Für die verschiedenen Teilaufgaben ermitteln sich die Gewichtszahlen nach Tab. 4.

Die endgültigen Punkte bilden das Produkt aus den vorläufigen Punkten und den Gewichtszahlen. Nunmehr kann aus der Summe der Punkte eines jeden Prüflings zur gerechten Bewertung seiner Leistung die Prüfzahl hergeleitet werden.

Da in der Prüfung auch die Zeit gemessen wurde, soll wiederum untersucht werden, ob zwischen beiden eine Korrelation besteht. Es ergibt sich $\varrho = -0{,}29$ und der wahrscheinliche Fehler $r = 0{,}095$, ferner $\frac{\varrho}{r} = -3{,}2$. Eine Korrelation zwischen Zeit und Fehler besteht

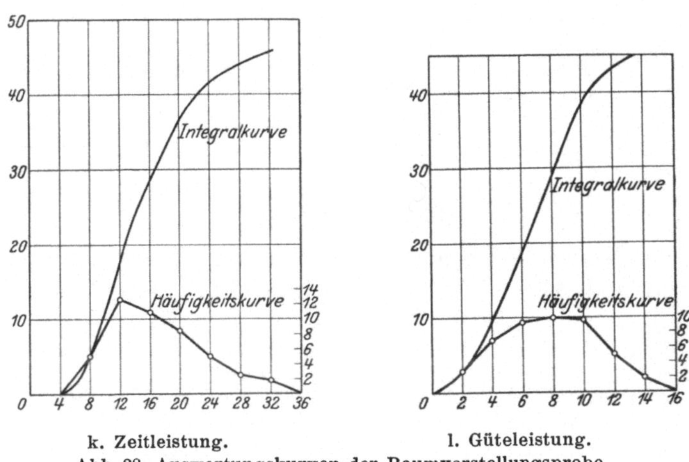

k. Zeitleistung. l. Güteleistung.

Abb. 28. Auswertungskurven der Raumvorstellungsprobe.

somit ebenfalls nicht, und es war daher nötig, für beide die Integral- und Häufigkeitskurven zu zeichnen (Abb. 28 k und l). Die daraus abgeleiteten Wertzahlen bringen die Abb. 23 k und l.

9. Durchstreichprobe.

Auch bei der Durchstreichprobe (Abb. 20) wurde die verbrauchte Zeit bereits bei der Prüfung ermittelt. Die Anzahl der Fehler mußte jedoch später festgestellt werden, wobei jede unrichtig oder gar nicht durchgestrichene Figur als Fehler gilt. Da wiederum Zeit und Fehlerzahl vorliegen, soll vorerst auf Korrelation untersucht werden. Der

Korrelationskoeffizient ϱ errechnet sich zu — 0,056. Auch in diesem Falle besteht demnach keine Korrelation zwischen Zeit und Fehlerzahl. Für beide wurden die Integral- und Häufigkeitskurven (Abb. 29

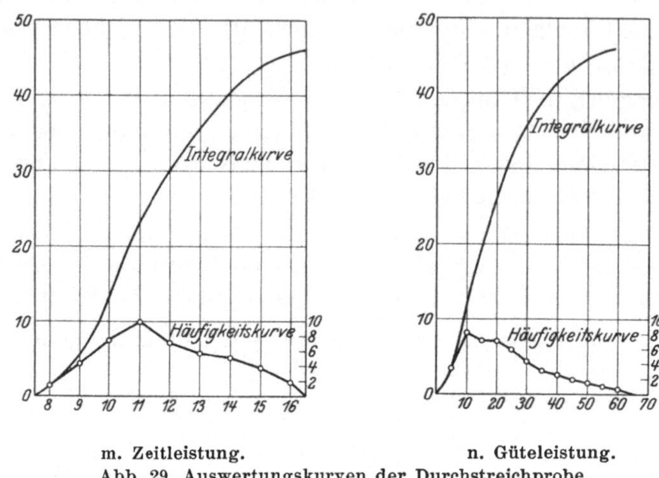

m. Zeitleistung. n. Güteleistung.
Abb. 29. Auswertungskurven der Durchstreichprobe.

m und n) gezeichnet. Die Bewertung geht aus Abb. 23 m und n hervor.

10. Stapelprobe.

Die Rangkorrelationsrechnung bei der Stapelprobe (Abb. 21) zwischen Zeit und Abweichung ergab $\varrho = -0{,}14$. Hier besteht somit

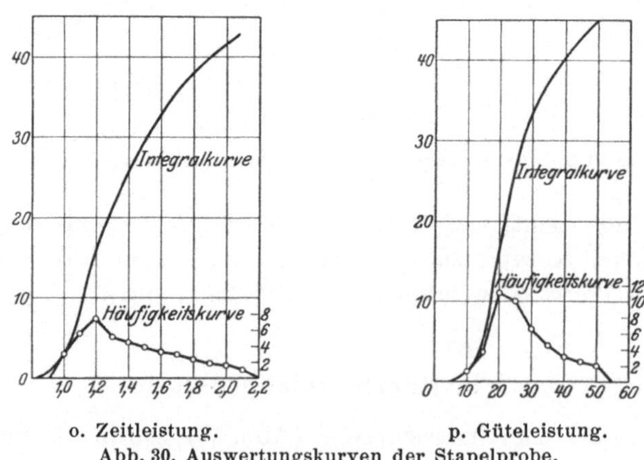

o. Zeitleistung. p. Güteleistung.
Abb. 30. Auswertungskurven der Stapelprobe.

auch keinerlei Beziehung. Es müssen daher für beide Leistungsmaßstäbe entwickelt werden (Abb. 23 o und p) unter Benutzung der Integral- und Häufigkeitskurven (Abb. 30 o und p).

11. Vergleich der Prüfverfahren.

Einige der Proben erfassen offensichtlich ähnliche Fähigkeiten, so daß zu untersuchen wäre, ob zwischen diesen Prüfzahlen eine Korrelation besteht.

Der Vergleich zwischen langsamem Stabheben und der Güteleistung des schnellen Zielstechens ergab den Korrelationskoeffizienten $\varrho = 0{,}395$, und den wahrscheinlichen Fehler $r = 0{,}092$. Das Verhältnis $\frac{\varrho}{r}$ beträgt $= 4{,}3$. Es besteht demnach eine gewisse Beziehung, aber erst bei $\frac{\varrho}{r} = 5$ könnte von einer vollständigen Korrelation gesprochen werden.

Auch für die Stampferprobe und Fingerdruckprobe könnte eine Beziehung bestehen. Die Rechnung ergab jedoch $\varrho = 0{,}16$ und $r = 0{,}103$ Diese Beziehungslosigkeit wird verständlich, wenn man bedenkt, daß die Stampferprobe vorwiegend die dynamische Einstellung, dagegen die Fingerprobe die statische erfaßt.

Schließlich soll die Legeprobe mit der Raumvorstellungsprobe verglichen werden, trotzdem die Betrachtung der beiden Verfahren keine wesentliche Ähnlichkeit ergibt. Die Rechnung bestätigt die Vermutung, da sie einen Korrelationskoeffizienten $\varrho = 0{,}02$ ergibt. Der Wert liegt so nahe an Null, daß von einer Berechnung des wahrscheinlichen Fehlers ganz abgesehen werden konnte.

Wenn die entwickelten Prüfverfahren für den Formerberuf wirklich besonders zugeschnitten sind, müßten die Former schon in der Prüfung eine Sonderstellung einnehmen. Tab. 5 enthält die Häufig-

Tabelle 5. Häufigkeit der Leistungen über Wertzahl 50.

Probe	Häufigkeit
Langsames Stabheben	11
Schnelles Zielstechen:	
Zeit	5
Güte	6
Stampfer	9
Fingerdruckprüfer	9
Handdruckprüfer	7
Glühfarbengerät	7
Legeprobe:	
Zeit	8
Güte	10
Raumvorstellungsprobe:	
Zeit	2
Güte	5
Durchstreichprobe:	
Zeit	0
Güte	7
Stapelprobe:	
Zeit	0
Güte	11

keit der auf Grund der Prüfung erhaltenen Wertzahlen von 50 und mehr für die einzelnen Proben. Da 12 Former, darunter 4 Lehrlinge, geprüft wurden, ist das Ergebnis für das langsame Stabheben mit 11 Wertzahlen sehr beachtlich. Das Gerät erfaßt demnach die entsprechenden Berufsfähigkeiten sehr gut. Beim schnellen Zielstechen liegt das Bild nicht so klar, da die Zeitleistungen einen neuen Gesichtspunkt hineinbringen. Jedoch zeigen die besten Former auch die besten Leistungen. Bei der Stampferprobe zeigen 9 Prüflinge von 12 eine Leistung, die größer als 50 ist. Ebenso sind es 9 Prüflinge bei der Fingerdruckprobe. Die reine Muskelleistung durch Handdruckprüfer ist naturgemäß bei den vorwiegend körperlich arbeitenden Formern besonders hoch. Vom Glühfarbengerät sind immerhin noch 7 Personen über 50. Die Legeprobe paßt sich der Formerarbeit wieder sehr an, denn 10 Personen leisten bessere Arbeit als 50 und 8 sind auch in ihrer Zeitleistung höher, während die Raumvorstellungsprobe nur 5 besser als 50 und in der Zeit sogar nur 2 zeigt. Die Gründe waren bereits angedeutet. Sie liegen in der ungewohnten, den Betriebsbedingungen wenig entsprechenden Form der Prüfung. Die Durchstreichprobe zeigt bereits wieder 7 gute Leistungen in der Güte, aber gar keine in der Zeit. Die Stapelprobe hat 11 gute Leistungen, während Zeitleistungen über 50 nur von einer Person erreicht sind. Es kann demnach festgestellt werden, daß die Proben im allgemeinen charakteristisch für die Former sind, besonders in dem Sinne, daß die Zeitleistungen gering sind.

Es liegen nunmehr für sämtliche Proben Eichkurven als Integralkurven vor, aus denen die Leistungsmaßstäbe abgeleitet sind. Auch die Häufigkeitskurven zeigen einen normalen Verlauf. Die Eigentümlichkeit, daß die Kurven nach der Seite der schlechteren Leistung hin flacher verlaufen als nach der Seite der besseren Leistung, tritt bei fast allen Kurven in Erscheinung. In jedem einzelnen Falle konnte auch festgestellt werden, daß die Proben den an sie zu stellenden Bedingungen genügen.

E. Erfolgskontrollen.

Bisher sind die Former als ein Teil des Versuchsmaterials zur Aufstellung der Eichkurven und Begutachtung der Prüfverfahren betrachtet worden. Ihre Einschließung in die Prüfung hatte jedoch vor allen Dingen den Zweck, einen Vergleich zwischen dem Ergebnis der Eignungsprüfung und dem Urteil des Betriebes herzustellen, um den Wert und die Richtigkeit der ausgearbeiteten Prüfverfahren beurteilen zu können. Es sind in Tab. 6 die Leistungen der Former und Former-

Tabelle 6. Ergebnisse der Formerprüfung.

VP. Nr.	32	33	34	35	36	37	41	42	43	44	45	46	Gew Zahl
Langsames Stabheben	44	18	62	53	75	93	69	77	80	91	71	69	2
Schnelles Zielstechen													
Zeit	8	25	7	49	94	67	22	45	37	84	85	50	2
Güte.	38	36	69	16	54	44	76	82	32	47	82	69	
Stampfer.	71	0	26	58	76	5	69	73	93	62	69	59	1
Fingerdruckprüfer .	71	76	29	81	60	42	83	80	21	60	91	65	2
Handdruckprüfer . .	42	19	41	20	78	68	59	71	95	79	100	86	2
Glühfarbengerät. . .	43	30	27	96	10	92	58	60	10	55	85	71	1
Legeprobe													
Zeit	6	22	65	55	30	40	74	60	79	58	62	58	3
Güte.	77	8	52	85	68	68	52	60	42	68	95	95	
Raumvorstellungs-Pr.													
Zeit	19	24	64	39	39	38	63	28	34	28	14	17	2
Güte.	34	9	60	17	9	30	65	78	22	22	65	65	
Durchstr.-Probe													
Zeit	30	13	0	44	18	22	38	42	37	32	23	26	3
Güte.	56	42	18	22	34	56	66	60	44	66	90	78	
Stapelprobe													
Zeit	0	48	0	40	30	47	38	42	8	50	59	44	2
Güte.	58	48	58	60	70	83	75	74	70	85	85	91	
A. M.	43,4	28,1	38,2	52,1	52,2	54,7	62,2	64,6	50,2	61,2	74,6	64,7	
endg. WZ.	41,7	28,7	38,9	49,6	51,6	55,1	61,6	63,6	50,1	61,4	73,6	64,6	

lehrlinge besonders zusammengetragen. Über diese Prüflinge sind folgende Einzelheiten bemerkenswert.

Nr. 32	Formerlehrling im	1. Jahr	15	Jahre alt
„ 33	„ „	1. „	15	„ „
„ 34	„ „	3. „	16	„ „
„ 35	„ „	3. „	16	„ „
„ 36	Former im Beruf seit	4 Jahren	17	„ „
„ 37	„ „ „ „	4 „	17	„ „
„ 41	„ „ „ „	29 „	53	„ „
„ 42	„ „ „ „	11 „	25	„ „
„ 43	„ „ „ „	5 „	19	„ „
„ 44	„ „ „ „	16 „	30	„ „
„ 45	„ „ „ „	21 „	35	„ „
„ 46	„ „ „ „	28 „	42	„ „

Leider standen nur diese Former zur Verfügung, aber es lassen sich trotzdem unmittelbar bemerkenswerte Schlüsse ziehen, besonders in bezug auf die Unterschiede in den Einzelleistungen. Nr. 45 z. B. zeigt eine Reihe guter Leistungen über 50, während Nr. 43 nur wenige über 50 hat und Nr. 33 noch weniger. Weiterhin zeigen die Proben bis zur Legeprobe einschließlich höhere Werte als die übrigen Proben; auch ist ersichtlich, daß die Zeitleistungen durchweg gering sind.

Somit ist es gelungen, eine Differenzierung nach den Einzelleistungen zu erzielen. Weiterhin zeigen die Former in den Gebieten, die nach der allgemeinen Intelligenz hinliegen, nur mäßige Leistungen, besonders aber ergeben die Prüfungen, daß sie in ihrer Arbeit langsamer sind als der Durchschnitt der Prüflinge. Die Langsamkeit ist bekannt und beruht auf der bereits geschilderten Eigenart der Tätigkeit.

1. Vergleich zwischen den Formerleistungen in der Prüfung und im Betriebe.

Um ein zahlenmäßiges Urteil über den Wert der Prüfung zu gewinnen, wurde für jeden der 12 Former unter den 46 Prüflingen das Durchschnittsurteil aus den einzelnen Wertzahlen gebildet (Tab. 7, Spalte b) und daraus eine Rangreihe (Spalte c) aufgestellt.

Tabelle 7. Vergleich des Prüfungsurteils mit dem Betriebsurteil.

VP. Nr.	Prüfung		Betriebs- Rangreihen der Former				Prüfung		Platz-versch.
	AM. der WZ.	Rang-reihe	Ver-dienst	Aus-schuß	Mstr. Urteil	Summe e—f	endg. WZ.	Rang-reihe	
a	b	c	d	e	f	g	h	i	k
45	74,6	1	1	1	2	1	73,6	1	0
46	64,7	2	2	2	1	2	64,6	2	0
42	64,6	3	3	4	3	3	63,6	3	0
41	62,2	4	4	5	4	4	61,6	4	0
44	61,2	5	5	3	6	5	61,4	5	0
43	50,2	9	6	6	5	6	50,1	8	2
37	54,7	6	8	7	7	7	55,1	6	1
36	52,2	7	7	8	8	8	51,6	7	1
35	52,1	8	—	9	9	9	49,6	9	0
34	38,2	11	—	—	10	10	38,9	11	1
33	28,1	12	—	—	11	11	28,7	12	1
32	43,4	10	—	—	12	12	41,7	10	2

Für die Bewährung im Betrieb sollten möglichst objektive Urteile maßgebend sein, darum wurden neben dem Urteil des Meisters die Verdienststatistik und die Ausschußstatistik herangezogen und danach Rangreihen gebildet (Spalte d und e). Diesen Reihen liegen Zahlen zugrunde, die aus einem Zeitraum von 18 Wochen stammen. Zum Schluß wurde das Urteil des Meisters nach sorgfältiger Aufklärung über die Richtung des abzugebenden Urteils als Rangreihe hinzugezogen (Spalte f). Da die Lehrlinge in Lohn arbeiteten, liegen für sie allerdings keine Verdienst- und Ausschußzahlen vor. Aus den Urteilen des Betriebes wurde schließlich eine mittlere Rangreihe (Spalte g) gebildet.

Der Vergleich zwischen der Rangreihe der Prüfung (Spalte c) und der des Betriebes (Spalte g) zeigt schon eine gute Übereinstimmung.

2. Ermittlung der Gewichtszahlen und erneuter Vergleich.

Bisher ist die Berufswichtigkeit der einzelnen Proben unberücksichtigt geblieben. Sie darf aber nicht vernachlässigt werden und soll aus dem Grad der Übereinstimmung mit dem Urteil des Betriebes, durch Berechnung des Korrelationskoeffizienten ϱ, des wahrscheinlichen Fehlers r und des Verhältnisses ϱ/r ermittelt werden. Als Maßstab und als Ausdruck für die Berufsbedeutung sind Gewichtszahlen (9, 28[1], 29[2], 52[3]) eingeführt.

Die beiden ersten Geräte, das langsame Stabheben und das schnelle Zielstechen, konnten durch Zusammenfassung einer gemeinsamen Betrachtung unterzogen werden, da sie ähnliche Fähigkeiten erfassen. Diese Zusammenfassung erfolgte durch Bildung des arithmetischen Mittels aus der Wertzahl vom langsamen Stabheben, der Zeitleistung und Güteleistung vom schnellen Zielstechen für jeden Former einzeln. Sodann wurde auf Grund der hierdurch erhaltenen Zahl eine neue Rangreihe gebildet, und diese mit der aus den drei Betriebsurteilen kombinierten Rangreihe des Betriebes (Tab. 7, Spalte g) mit Hilfe der Krüger-Spearmannschen Formel für Rangkorrelation verglichen. Es ergab sich

$$\varrho = 0{,}72, \qquad r = 0{,}098, \qquad \frac{\varrho}{r} = 7{,}4.$$

Dies bedeutet bereits eine gute Übereinstimmung. Jedoch wird das Ergebnis noch stark beeinflußt durch die aus dem Rahmen fallende Rangplatzdifferenz der VP. 36 mit 6, d. i. 50% bei 12 Prüflingen. Es kann angenommen werden, daß bei einer großen Anzahl von Prüflingen solch hohe Rangplatzverschiebungen nicht vorkommen würden, es scheint daher berechtigt, diese VP. aus der Rechnung auszuschalten, um der Wirklichkeit mehr zu entsprechen. Die neuen Werte sind dann

$$\varrho = 0{,}84, \qquad r = 0{,}064, \qquad \frac{\varrho}{r} = 13{,}1.$$

Diese Zahlen befriedigen durchaus und erhärten die Annahme von der hohen Berufswichtigkeit dieser Proben. Diese Tatsache findet ihre Berücksichtigung im Gesamturteil durch eine höhere Wertung der Probe und wird ausgedrückt dadurch, daß die aus der Prüfung erhaltenen Wertzahlen mit dem doppelten Wert in die Rechnung eingesetzt werden, d. h. die Gewichtszahl 2 erhalten (Tab. 8).

Die Stampferprobe ergab trotz Außerachtlassung der Rangplatzverschiebung 8 von VP. 32 nur

$$\varrho = 0{,}50, \qquad r = 0{,}16, \qquad \frac{\varrho}{r} = 3{,}1.$$

Diese Probe zeigt demnach wider Erwarten eine geringe Übereinstimmung mit dem Urteil des Betriebes und soll daher nur durch die Gewichtszahl 1 bewertet werden. Um die Ursache zu ermitteln, wurden die Tätigkeit des Stampfens nochmals eingehend betrachtet und Selbstbeobachtungen angestellt. Die Aufgabe lautet: Durch Anein-

[1] S. 115. [2] S. 53. [3] S. 304.

Tabelle 8. Rang-Korrelation zwischen Probe und Betriebsurteil.

Probe	Korrelat. koeffiz. ϱ	Wahrsch. Fehler r	$\frac{\varrho}{r}$	Gewichts-Zahl.	Bemerkung
					ohne VP.
Langs. Stabh., Schnelles Zielst. Zeit . . . . . Güte	0,84	0,064	13,1	2	36
Stampfer	0,50	0,16	3,1	1	32
Fingerdruckprüfer. . . .	0,78	0,097	8,1	2	34, 33, 32
Handdruckprüfer	0,79	0,077	10,3	2	
Glühf.-Ger..	0,60	0,136	4,4	1	35
Legeprobe Zeit . . . . Güte	0,88	0,049	18,0	3	35
Raumvorstellungs-Pr. Zeit . . . . Güte	0,73	0,10	7,3	2	34
Durchstr.-Probe Zeit . . . . Güte	0,94	0,023	41,0	3	32
Stap.-Probe Zeit . . . . Güte	0,79	0,077	10,3	2	

anderreihen von verdichteten Stellen (Stampfen) der Sandform eine allgemeine, möglichst gleichmäßige Festigkeit zu geben. Die Lage und Verteilung dieser Stellen ist somit von großer Wichtigkeit. Die Beurteilung wird dadurch erschwert, daß die einzelnen Stöße keinen sichtbaren Eindruck hinterlassen. Nur durch gute Überlegungen und scharfe Aufmerksamkeit kann die richtige Disposition über die Formfläche erfolgen, wobei die Nähe des Modelles noch einer besonderen Behandlung bedarf. Die Stoßstellen haben hier einen bestimmten, möglichst gleichmäßigen Abstand vom Modell zu halten. Die Tätigkeit erfordert somit im stärkeren Maße intellektuelle Fähigkeiten und Charaktereigenschaften, wie Gewissenhaftigkeit und Sorgfalt, als gute kinästhetische Anlagen.

Bei der Fingerdruckprobe fallen die Lehrlinge Nr. 32, 33 und 34 aus dem Rahmen und wurden für die Korrelation nicht benutzt. Danach errechnet sich

$$\varrho = 0{,}78, \qquad r = 0{,}097, \qquad \frac{\varrho}{r} = 8{,}1.$$

Die Übereinstimmung ist demnach recht gut, so daß die Probe die Gewichtszahl 2 erhalten kann.

Der Handdruckprüfer ergab:

$$\varrho = 0{,}79, \qquad r = 0{,}77, \qquad \frac{\varrho}{r} = 10{,}3,$$

ohne daß irgendeine VP. ausgeschieden wurde. Diese Übereinstimmung mit dem Betriebsurteil ist so vorzüglich, daß die Körperkraft für den Erfolg des arbeitenden Formers recht bedeutungsvoll zu sein scheint. Als Erklärung kann dienen, daß ein großer Teil der Arbeit als schwere Handarbeit zu betrachten ist.

Die Beziehung zwischen Glühfarbengerät und dem Urteil der Praxis ist hingegen recht gering mit

$$\varrho = 0{,}60, \qquad r = 0{,}136, \qquad \frac{\varrho}{r} = 4{,}4.$$

Auch in diesem Falle mußte die größte Rangplatzverschiebung 8 der VP. 35 unberücksichtigt bleiben. Auf den ersten Blick mag es befremdlich erscheinen, daß die Praxis diese Fähigkeit so gering bewertet, doch ist es erklärlich, weil einmal die Beurteilung der richtigen Gießtemperatur dem Former in den meisten Fällen nicht überlassen bleibt, sondern dem Meister zusteht, und sodann vielfach auch das Eisen gegossen werden muß, das infolge schlechten Ofenganges, weiter Transporte oder aus sonstigen Gründen etwas matt geworden ist, d. h. an Temperatur verloren hat. Fehlgüsse, die auf mattes Eisen zurückzuführen sind, treten daher auch oftmals auf und besonders in Gießereien, die dünnwandige Gußstücke herstellen. An sich gehört das Vermögen, Glühfarben beurteilen zu können, zu den notwendigen Fähigkeiten des Formers. Im Gesamturteil erhält die Probe die Gewichtszahl 1.

Die Trennung der Ergebnisse in Zeit- und Güteleistung wurde für die Ermittlung der weiteren Gewichtszahlen nicht mehr vorgenommen und beide Wertzahlen zu einer Durchschnittszahl vereinigt, die die Unterlage für die Korrelationsrechnung bildete.

Die Legeprobe zeigt eine gute Übereinstimmung mit

$$\varrho = 0{,}76, \qquad r = 0{,}44, \qquad \frac{\varrho}{r} = 8{,}9.$$

Wenn jedoch, wie bei anderen Proben, die größte Rangplatzverschiebung mit 6 bei VP. 35 gestrichen wird, ergibt sich

$$\varrho = 0{,}88, \qquad r = 0{,}49, \qquad \frac{\varrho}{r} = 18.$$

Das ist ein vorzügliches Ergebnis, es beweist die Güte der Probe für die sichere Erfassung der besonderen Art des räumlichen Vorstellungsvermögens beim Former. Mit Recht kann diese Probe mit der Gewichtszahl 3 in der Gesamtprüfung auftreten.

Eine befriedigende Korrelation ergibt auch die Prüfung durch die Raumvorstellungsprobe mit

$$\varrho = 0{,}73, \qquad r = 0{,}10, \qquad \frac{\varrho}{r} = 7{,}3.$$

Auch hier wurde die größte Rangplatzverschiebung 8 der VP. 34 unberücksichtigt gelassen. Es erscheint die Gewichtszahl 2 berechtigt.

Die Durchstreichprobe ergibt bereits ohne irgendeine Berichtigung

$$\varrho = 0{,}81, \quad r = 0{,}07, \quad \frac{\varrho}{r} = 11{,}6.$$

Durch Streichen der Rangplatzverschiebung 6 der VP. 32 steigen die Werte auf

$$\varrho = 0{,}94, \quad r = 0{,}23, \quad \frac{\varrho}{r} = 41.$$

Dieses vorzügliche Ergebnis deutet darauf hin, daß der Aufmerksamkeitsleistung die größte Beachtung zu schenken ist.

Nach den Ausführungen der Arbeitsanalyse war das Ergebnis zu erwarten. Die ununterbrochene gespannte Aufmerksamkeit zur Vermeidung der vielfältigen Fehlermöglichkeiten, selbst kleinsten Umfanges, ist kennzeichnend für die Arbeit des Formers. Die hohe Berufswichtigkeit der Probe ist durch die Gewichtszahl 3 für die Gesamtprüfung berücksichtigt.

Auch die Stapelprobe zeigt gute Übereinstimmung mit

$$\varrho = 0{,}79, \quad r = 0{,}077, \quad \frac{\varrho}{r} = 10{,}3,$$

ohne daß die Streichung einer Rangplatzverschiebung nötig war. Die Probe ist daher für den Former gut geeignet, um so mehr als auch die Wertzahlen recht gut sind. Ihrer Bedeutung gemäß erhielt sie die Gewichtszahl 2.

Es mag wertvoll erscheinen, festzustellen, zu welchem Kreis von Prüflingen diejenigen gehören, die bei der vorgenommenen Korrelationsrechnung ausgeschieden werden mußten; dabei diene als Ausgangspunkt die Häufigkeit des Vorkommens der Ausschaltung. An der Spitze steht der Lehrling 32 mit 3 Fällen. Er ist nach dem Urteil des Betriebes der schlechteste von allen und zeigt auch sonst außerordentliche Unterschiede in den Leistungen, die den ganzen Bereich von 0—100 umfassen. Bei ihm ist auch die Unsicherheit des Urteils sehr groß, da die Rangplatzverschiebung in der Erfolgskontrolle 2 beträgt. (Tab. 7 und Abb. 31).

Seine Entwicklung wurde weiter verfolgt, um eine Erklärung für diese Erscheinungen zu finden. Er hatte eines Tages einen Arbeitskollegen bestohlen und mußte deswegen entlassen werden. Dieser Mangel an Charakterfestigkeit und der geringe Widerstand gegen Versuchungen scheinen sich schon in der Prüfung bemerkbar gemacht zu haben und waren die Ursache für die starken Schwankungen in seinen Leistungen. Seine Veranlagung war im ganzen aber immer noch besser als die der VP. 33 und 34. Im Betrieb jedoch machte er keinen Gebrauch davon, so daß er ganz an den Schluß der Rangreihe gestellt werden mußte. (Tab. 7 und Abb. 31) Es scheint demnach berechtigt, ihn bei den vorliegenden Untersuchungen auszuschalten.

VP. Nr.	Rangreihe ohne Gew. Z.	Rangplatz-verschieb.	Betriebs-Rangreihe	Rangplatz-verschieb.	Rangreihe mit Gew. Z.	Endgült. Wertzahl
45	1		1		1	73,6
46	2		2		2	64,6
42	3		3		3	63,6
41	4		4		4	61,6
44	5		5		5	61,4
43	9		6		8	50,1
37	6		7		6	55,1
36	7		8		7	51,6
35	8		9		9	49,6
34	11		10		11	38,9
33	12		11		12	28,7
32	10		12		10	41,7

Abb. 31. Erfolgskontrolle, Rangplatzverschiebung.

Auch der Lehrling 34, der in 2 Fällen ausgeschieden wurde, zeigte ein auffälliges Verhalten im Betrieb. Nachdem er seine Lehre beendet hatte, ließ er stark in seiner Aufmerksamkeit und Gewissenhaftigkeit nach, so daß er mit dem Ausschuß nahezu an der Spitze sämtlicher Former stand. Für alle sonstigen Vorkommnisse im Betrieb, auch wenn sie außerhalb seines Aufgabenkreises lagen, vergeudete er viel Zeit. Die Beobachtung des Lehrlings und des Jungformers 36 mit je einem Fall ergab keinerlei Anhaltspunkte.

Es ist außerordentlich beachtlich, daß alle diese Prüflinge am Ende der Rangreihe stehen, und daß ihre Durchschnittsleistungen unter und in der Nähe der Wertzahl 50 liegen. Alle übrigen Former passen ohne weiteres in den Rahmen, ohne den Korrelationskoeffizienten ϱ wesentlich zu verschlechtern. Hierin liegt ein weiterer Grund für die Zulässigkeit der vorgenommenen Berichtigungen.

Bei der Festsetzung der Gewichtszahlen wurde auf möglichst einfache Zahlen Wert gelegt und eine Einteilung in drei Klassen als ausreichend erachtet. In all den Fällen mit zweifelhafter Übereinstimmung, d. h. mit dem Verhältnis $\frac{\varrho}{r}$ kleiner als 5 wurde die Gewichtszahl 1 gegeben. Die besten Übereinstimmungen erhielten demgemäß die Gewichtszahl 3 und begannen mit $\frac{\varrho}{r}$ größer als 15. Die übrigen Proben wurden doppelt bewertet. Die so erhaltenen Gewichtszahlen sind aus den Tabellen 6 und 8 ersichtlich.

Die Korrelationsrechnung, deren Ergebnis in Tabelle 8 zusammengestellt ist, läßt sofort den Schwerpunkt der Prüfverfahren erkennen.

Langsames Stabheben, schnelles Zielstechen, Handdruckprüfer, Legeprobe, Durchstreichprobe und Stapelprobe zeigen die größte Übereinstimmung mit dem Betriebsurteil. Die von ihnen erfaßten Eigenschaften und Fähigkeiten müssen somit in dem Idealtyp des Formers vorherrschen.

Er muß körperlich kräftig und ausdauernd in seiner Arbeit sein. Eine ruhige Hand und sichere Bewegungen der Glieder, die durch das Auge kontrolliert werden, sind unerläßlich. Seine Arbeitsart und sein Charakter sind durch peinliche Sorgfalt und große Gewissenhaftigkeit gekennzeichnet. Von den geistigen Fähigkeiten treten eine starke, dauernde Aufmerksamkeitsleistung und ein gutes räumliches Vorstellungsvermögen besonders hervor.

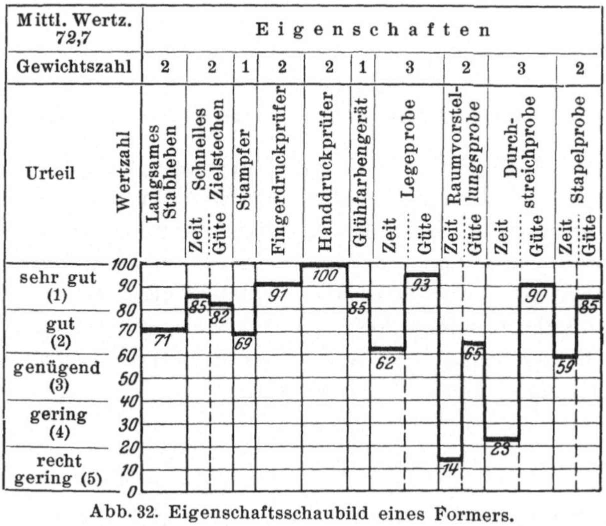

Mittl. Wertz. 72,7	Eigenschaften													
Gewichtszahl	2	2		1	2	2	1	3		2		3		2
Urteil / Wertzahl	Langsames Stabheben	Schnelles Zielstechen Zeit	Schnelles Zielstechen Güte	Stampfer	Fingerdruckprüfer	Handdruckprüfer	Glühfarbengerät	Legeprobe Zeit	Legeprobe Güte	Raumvorstellungsprobe Zeit	Raumvorstellungsprobe Güte	Durchstreichprobe Zeit	Durchstreichprobe Güte	Stapelprobe Zeit
	71	85	82	69	91	100	85	62	93	14	65	23	90	59

Stapelprobe Güte: 85

Urteil: sehr gut (1) 100–80; gut (2) 80–60; genügend (3) 60–40; gering (4) 40–20; recht gering (5) 20–0

Abb. 32. Eigenschaftsschaubild eines Formers.

Zur vollständigen Beurteilung eines Prüflings muß jede Fähigkeit für sich bewertet werden können. Die Wertzahlen sind in den Tabellen enthalten, jedoch in einer wenig übersichtlichen Form. Das Eigenschaftsschaubild (9[1], 28[2], 29[3], 74[4]) (Abb. 32) hingegen reiht die Ergebnisse der Prüfung übersichtlich nebeneinander und ermöglicht es, auch die Berufswichtigkeit dadurch zu berücksichtigen, daß den einzelnen Fähigkeiten eine Strecke auf der Abszissenachse eingeräumt wird, die der Berufswichtigkeit entspricht und durch die Gewichtszahl ausgedrückt wird. Die in dem Bild entstehenden Flächengrößen geben einen anschaulichen, unmittelbaren Eindruck der Eigenschaften und lassen den Schwerpunkt der Begabung des Prüflings erkennen.

[1] S. 75. [2] S. 114. [3] S. 57. [4] S. 57.

Unter Benutzung der Gewichtszahlen konnte nunmehr zur Errechnung der endgültigen Wertzahlen geschritten werden. Sie wurden in Tabelle 6 und 7 für jeden Former eingetragen und außerdem zu einer Rangreihe zusammengestellt (Tabelle 7, Abb. 31). Diese endgültige Rangreihe wurde mit der Rangreihe der Prüfung ohne Gewichtsziffern und mit der des Betriebes verglichen und ergab eine Verbesserung der Übereinstimmung. Sie drückt sich dadurch aus, daß die VP. 43 vom 9. auf den 8. Platz der Prüfungsrangreihe gerückt ist.

Schließlich sei der Korrelationskoeffizient zwischen dem Betriebsurteil und der Prüfung errechnet. Das Ergebnis bringt mit $\varrho = 0{,}957$ die rechnerische Bestätigung der aus Abb. 31 ersichtlichen Übereinstimmung, die durchaus zufriedenstellen kann.

3. Einzelbegutachtung.

Es ist der Beweis erbracht, daß das ausgearbeitete Prüfverfahren die Prüflinge fast genau so einrangiert hat, wie sie sich im Betriebe bewährt haben, und daß damit ein einwandfreies psychotechnisches Prüfverfahren für Former und ihm ähnliche Gießereifacharbeiter geschaffen worden ist.

Im einzelnen treten innerhalb der Prüflinge deutliche Unterschiede hervor, die der Betrachtung wert sind. Die beiden ersten Former in der Rangreihe Nr. 45 und Nr. 46 liegen mit ihrem Durchschnittsurteil weit über der Zahl 50. Ihre Einzelleistungen haben große Ähnlichkeit miteinander, so daß diese Gruppierung als typisch für den Former gelten kann. Nr. 46 ist vom Meister zwar vorangestellt, weil er außerordentlich sauber und gewissenhaft arbeitet, doch ist er anerkannt langsam. Die Gewissenhaftigkeit kommt in der Stapelprobe zum Ausdruck, bei der er eine höhere Leistung als Nr. 45 in bezug auf Güte der Arbeit erzielt, aber bedeutend langsamer ist. Die Zeitleistungen bleiben bei beiden fast in allen Fällen unter der Durchschnittsleistung, besonders aber bei der Raumvorstellungsprobe und der Durchstreichprobe. Dieses Ergebnis deutet darauf hin, daß ihnen die Aufgaben nicht zugesagt haben, da ihnen der Umgang mit Bleistift und Papier ungewohnt ist. Außerdem haben sie dabei ihre manuelle Geschicklichkeit nicht entwickeln können und für ihren Betätigungsdrang kein Arbeitsfeld gefunden. Ihre gewohnte Gewissenhaftigkeit ließ jedoch die Güteleistung hoch werden. Die nächste Gruppe Nr. 42 und 41 zeigt ähnliche Durchschnittsleistungen, jedoch ist ihre Gewissenhaftigkeit geringer, da ihre Zeitleistung mehrfach besser, aber die Güte geringer ist. Sie belegen demgemäß auch in der Ausschußreihe den 4. und 5. Platz. Bei Nr. 42 fällt die hohe Aufmerksamkeitsleistung in der Raumvorstellungsprobe auf.

Die restlichen vier gelernten Former Nr. 44, Nr. 43, Nr. 37 und Nr. 36 zeigen geringere Durchschnittsleistungen, wobei Nr. 44 im wesentlichen das charakteristische Formerbild ergibt. Er gehört zu den langsamen und sorgfältigen Arbeitern, so daß er im Ausschuß an dritter Stelle erscheint. Dafür spricht auch die Güte der Stapelprobe mit Wertzahl 85, während die Zeitleistung mit Wertzahl 8 sehr gering ist. Nr. 43 zeigt schon starke Lücken in der Veranlagung, auch Nr. 37 hat starke Ungleichmäßigkeiten. Die Stampferprobe ist sehr schlecht. Nr. 36 fehlt es am Vorstellungsvermögen.

Aus der Eingruppierung der Lehrlinge am Schluß der Reihe darf nicht geschlossen werden, daß etwa die Übung im Formerberuf eine Hauptrolle spielt, d. h. daß gute Leistungen nach jahrelanger Berufstätigkeit sich von selbst einstellen. Es ist vielmehr der betrübliche Schluß zu ziehen, daß die Fähigkeiten dieser Formerlehrlinge unter dem Durchschnitt liegen. Im Gegensatz dazu stehen gute Leistungen, die später angeführt werden sollen. Leider ist es heute noch Regel, daß sich die entlassenen Schüler erst dann zur Formerlehre melden, wenn ein Unterkommen in anderen Berufen nicht möglich gewesen ist. Dadurch tritt eine Auslese in Richtung der schlechten Leistung ein, die sich in der Prüfung unmittelbar bemerkbar macht. Die Bestrebungen einflußreicher Firmen (11—13, 40, 41, 65) und die mustergültigen Vorarbeiten des Deutschen Ausschusses für Technisches Schulwesen (14) werden hoffentlich darin bald Besserung schaffen.

Im einzelnen ist Nr. 35 als bester Lehrling bekannt. Nr. 33 ist vom Betrieb an die nächste Stelle gerückt, da er sehr bescheiden, dazu etwas schwächlich ist und dadurch scheinbar das Urteil im günstigen Sinne beeinflußt hat. Die Prüfung ist naturgemäß frei von diesen Erwägungen und stellt ihn daher an den Schluß. Ein abschließendes Urteil über ihre Fähigkeiten konnte bei allen 4 Lehrlingen nicht gefällt werden, da sie erst kurze Zeit in der Lehre waren.

4. Weitere Prüfungen zur Erfolgskontrolle.

Um die Erfolgskontrolle auf eine breitere Basis zu stellen, wurde anschließend eine Prüfung an 32 Formerlehrlingen aus verschiedenen hannoverschen Gießereien vorgenommen. Die Hannoversche Maschinenbau A. G. (Hanomag) stellte 11 Lehrlinge, VP. 68 bis VP. 78, zur Verfügung, von der Lindener Eisen- und Stahlwerke A. G. erschienen 12, VP. 54 bis VP. 65. 5 Lehrlinge, VP. 47 bis VP. 51 kamen von der Gebr. Körting A. G. und 4, VP. 66, 67, 52 und 53, einzeln von verschiedenen Gießereien.

Die Prüfung wurde in der bereits beschriebenen Form durchgeführt. Die Auswertung der erhaltenen Prüfzahlen erfolgte unter Benutzung der vorhandenen Eichkurven und ergab die einzelnen Wertzahlen. Diese wurden sodann mit den früher ermittelten Gewichtszahlen multipliziert und für jede VP. zur endgültigen Wertzahl zusammengefaßt. Aus diesen Wertzahlen konnte schließlich für jede Gießerei eine Rangreihe gebildet werden, die mit dem Urteil des Betriebes verglichen wurde.

Für die Hanomag zeigt die Tabelle 9 die erhaltenen Zahlen. Das Urteil des Betriebes war mehrfach unterteilt und wurde durch Bildung des arithmetischen Mittels zu einem Urteil vereinigt. Die Korrelation beider Reihen ergab den Koeffizienten $\varrho = 0{,}827$, den wahrscheinlichen Fehler $r = 0{,}067$ und $\frac{\varrho}{r} = 12{,}3$. Dieses günstige Ergebnis ist ein weiterer Beweis für die Güte des Prüfverfahrens.

Tabelle 9. Vergleich des Prüfungsurteils mit dem Betriebsurteil der Hanomag.

VP. Nr.	Prüfung		Betriebs-rangreihe	Rangplatz-verschiebung
	Wertzahl WZ.	Rangreihe		
73	58,5	1	1	0
76	58,0	2	2	0
78	57,8	3	3	0
70	55,8	4	6	2
69	54,5	5	5	0
71	53,9	6	10	4
77	48,6	7	4	3
68	48,1	8	8	0
75	47,0	9	9	0
74	42,1	10	7	3
72	38,8	11	11	0

Von der Lindener Eisen- und Stahlwerke A. G. waren die Lehrlinge in 4 Gruppen eingeteilt, die jede die gleiche Note erhalten hatte. Im Sinne der Prüfung zu einer Rangreihe zusammengestellt, ergaben sich die Zahlen auf Tabelle 10.

Bei dem Vergleich mit dem Ergebnis der Prüfung stellte es sich heraus, daß die VP. 64 und die VP. 65 vollständig aus dem Rahmen herausfielen, sie wurden, da auch das Urteil der Berufsschule im Gegensatz zum Betriebsurteil stand, von den weiteren Betrachtungen ausgeschlossen. Das Gesamtbild einschließlich der aufgetretenen Rangplatzverschiebungen zeigt Tabelle 10. Die Korrelationsrechnung ergab

$$\varrho = 0{,}903, \quad r = 0{,}043, \quad \varrho/r = 21{,}8.$$

Auch in diesem Falle liegt eine außerordentlich gute Übereinstimmung vor.

Die Betriebsurteile der Gebr. Körting A. G. waren ebenfalls in Gruppen gegeben, worin alle bis auf VP. 47 mit „gut“ bezeichnet waren. Da VP. 47 mit WZ. 41,2 in der Prüfung ebenfalls der schlechteste war, ist in beiden Fällen richtig erkannt. Die nächste VP. 50

Tabelle 10. Vergleich des Prüfungsurteils mit dem Betriebsurteil der Lindener Eisen- und Stahlwerke A.-G.

VP.	Prüfung		Betriebsurteil		Rangplatz-verschiebung
	Wertzahl WZ.	Rangplatz	Note	Rangreihe	
61	61,9	1	1	1	0
63	61,5	2	2	2	0
58	61,1	3	2—3	3	0
60	60,8	4	2—3	4	0
59	52,9	5	2—3	5	0
54	50,6	6	3	8	2
55	49,6	7	3	9	2
57	48,1	8	2—3	6	2
62	40,7	9	2—3	7	2
56	36,8	10	3	10	0
65	40,0	—	2	—	—
64	36,7	—	2	—	—

war mit „gut, flüchtig“ beurteilt, durch die Prüfung mit WZ. 43,3 an den vorletzten Platz gerückt, und ist demnach auch richtig eingeordnet.

Von den vier verbleibenden Lehrlingen aus verschiedenen Gießereien war VP. 53 ganz besonders gelobt und als sehr gut beurteilt. Ähnlich lautete das Urteil über VP. 66, der als hervorragend tüchtig hingestellt war. Da beide in der Gesamtprüfung mit WZ. 71,6 bzw. 62,8 an der Spitze stehen, stimmen die Prüfungsurteile gut. VP. 52 und VP. 67 sollen geringere Leistungen zeigen, und besonders VP. 67 befriedigt nicht. In der Prüfung war er der schlechteste und ist demnach richtig beurteilt.

Der größte Teil der Lehrlinge besucht die gleiche Berufsschule und wird von dem gleichen Lehrer unterrichtet. Es ist daher naheliegend, auch einen Vergleich zwischen Schule und Prüfung anzustellen. Eine Zusammenstellung zeigt Tabelle 11. Die Korrelationsrechnung ergab

$$\varrho = 0{,}747, \quad r = 0{,}0675, \quad \varrho/r = 11.$$

Diese Korrelation ist durchaus befriedigend, trotzdem die VP. 62 eine Rangplatzverschiebung von 11 aufweist. Als Erklärung hierfür diene, daß es ihr nach dem Schulurteil an Fleiß mangelt. Die Prüfung hat ihn offenbar nicht veranlassen können, sein ganzes Können aufzuwenden. Die gute Beziehung zwischen dem Urteil der Schule und dem der Prüfung läßt erkennen, daß auch der Lehrer seine Schüler richtig beurteilt hat. Die Übereinstimmung mit dem Betriebsurteil ist jedoch weit größer und deutet darauf hin, daß die Prüfung ihrem Zweck entsprechend vorwiegend die beruflichen Fähigkeiten erfaßt.

Hiermit möge die Erfolgskontrolle abgeschlossen werden. Sie beweist, daß eine hinreichende Bewährung vorliegt, und daß somit die benutzten Prüfgeräte und Verfahren in der Lage sind, mit hoher Sicher-

Tabelle 11.
Vergleich der Prüfungsurteile mit dem Urteil der Berufsschule.

VP.	Prüfung		Berufsschule		Bemerkung
	Wertzahl WZ.	Rangplatz	Rangplatz	Rangplatz Verschiebung	
53	71,6	1	2	1	
66	62,8	2	1	1	
61	61,9	3	3	0	
63	61,5	4	5	1	
58	61,1	5	9	4	
60	60,8	6	11	5	
51	56,7	7	12	5	
48	55,6	8	4	4	
59	52,9	9	18	9	schwerfällig
54	50,6	10	8	2	
55	49,6	11	16	5	
57	48,1	12	10	2	
49	45,0	13	7	6	
50	43,3	14	13	1	
52	41,3	15	15	0	
47	41,2	16	17	1	
62	40,7	17	6	11	es fehlt an Fleiß
65	40,1	18	20	2	
56	36,8	19	14	5	
64	36,7	20	19	1	
67	34,6	21	21	0	

heit eine Scheidung der Prüflinge nach ihren Leistungen im Betriebe vorzunehmen. Sie können also als psychotechnische Berufseignungsprüfung für den Former und ihm ähnliche Gießereifacharbeiter gelten.

Schluß.

Es mag auf den ersten Blick den Anschein haben, als wenn bei dem anerkannten Mangel an Formerlehrlingen eine Eignungsprüfung unnötig sei. Dem ist jedoch nicht so. Wohl kann der gesamte Bedarf aus den sich meldenden Anwärtern nicht gedeckt werden, aber jede Gießerei sollte an dem Standpunkt festhalten, nur solche Lehrlinge auszubilden, die einmal tüchtige Facharbeiter zu werden versprechen, und daher ebenso sorgfältig auswählen, als wenn ein Überangebot vorläge. Alle Lehrlinge, die nach kurzer Zeit die Lehre verlassen oder sie widerwillig zu Ende führen und dann sich einem anderen Beruf zuwenden, bedeuten einen wirtschaftlichen Verlust. Ein betrübendes Ergebnis ist es stets, wenn die Gießerei einen Lehrling nach Beendigung der Lehrzeit entläßt, weil er als Jungformer nicht zu gebrauchen ist. Wohin soll sich dieser Arbeiter wenden? Wenn er unter den ihm bekannten Bedingungen seines Lehrbetriebes versagt, ist er hilflos in jedem fremden Betriebe, und er wird seine Lehre vergeblich durchgehalten haben. Er wird mit Bitternis und einer gewissen Berechtigung sagen: „Warum hat man mir nicht vor drei Jahren gesagt, daß ich kein richtiger Former werden kann?“

Ganz besonders notwendig ist die Eignungsprüfung bei solchen Lehrlingen, die schlechte Schulzeugnisse aufweisen. Sie müssen und können ernstlich als Anwärter in Betracht gezogen und sollten darum besonders sorgfältig geprüft werden. Ein schlechtes Schulzeugnis ist durchaus kein sicheres Zeichen für schlechte Fähigkeiten, und viele unserer tüchtigsten Former besitzen sehr bescheidene Schulkenntnisse.

Eine weitere umfassende Anwendung der Prüfung liegt in der Auswahl der anzulernenden Former. Auch in den Gießereien macht sich das Bestreben nach Normalisierung, Typisierung und Spezialisierung bemerkbar, mit dem Erfolg, daß die Einzelfertigung gegenüber der Serien- und Massenfertigung immer mehr zurücktritt. Als weitere Folge ergibt sich eine weitgehende Verwendung von Modelleinrichtungen und Formmaschinen, die trotz ihrer hohen Herstellungskosten eine Verbilligung und Verbesserung der Gußstücke sichern. Die Einwirkung auf die Gießereifacharbeiter bleibt nicht aus und äußert sich in der Befreiung von den teueren, sehr anspruchsvollen gelernten Formern und in der ausgedehnten Verwendung von angelernten Kräften, den Maschinenformern. Die Auswahl dieser Arbeiter kann nach dem angegebenen Prüfverfahren durchgeführt werden, da jene im wesentlichen die gleichen Fähigkeiten wie die Handformer besitzen müssen. Zu beachten ist jedoch, daß die Maschinenformer eine größere Schnelligkeit bei der Arbeit zu entwickeln haben, um gute Leistungen zu erzielen. Dafür ist ihnen durch die Maschine eine der schwierigsten Aufgaben, das Modellausheben, wesentlich erleichtert und vielfach auch noch die Stampfarbeit abgenommen.

Auch eine zweckmäßige Verteilung der Arbeiten unter den Maschinenformern selbst kann vorgenommen werden. Einige Formmaschinen erfordern vorwiegend körperliche Arbeit ohne hohe formtechnische Fertigkeiten, andere dagegen stellen hohe Anforderungen an das Vorstellungsvermögen, an Ruhe und Sicherheit der Hand sowie an höchste Sauberkeit. Die richtige Verteilung auf Grund psychotechnischer Erwägungen und Prüfungen erhöht die Leistung des Betriebes, sowie den Verdienst des Formers und vermindert den Fehlguß.

Schließlich sind die Prüfungsmethoden in der Hand des Berufsberaters (35) ein wichtiges Werkzeug. Nur wenige der sich dort meldenden Schüler werden von sich aus Interesse für das Formerhandwerk haben, aber vielen wird man von den überfüllten Berufen, wie Schlosser, Elektriker, Feinmechaniker usw. abraten müssen. Ihnen wird man auf Grund der Eignungsprüfung die Formerlehre anraten können und sie den Gießereien zuweisen, damit das Formerhandwerk Auffrischung erhält.

Eine Möglichkeit sei nur noch angedeutet, das ist die Eignungsuntersuchung der neu einzustellenden Former. Nach der Eigenart dieser Berufsklasse ist jedoch vorläufig mit großen Widerständen zu rechnen, so daß das Bild des Suchenden bei der Prüfung nicht einwandfrei sein wird.

Neben der Auswahl und richtigen Verteilung der Arbeitskräfte soll die Eignungsprüfung den ersten Schritt auf dem Wege zur psychotechnischen Durchdringung der Betriebsführung (56, 20) bilden. Die Prüfgeräte lassen sich durch weiteren Ausbau zum Anlernen, zum Schulen und Üben bestimmter Fertigkeiten verwenden.

Bisher waren die Fertigkeiten auf eigene Erfahrungen aufgebaut, wobei jede einzelne Person vorwiegend aus ihren Mißerfolgen lernte. Es ist dies ein außerordentlich kostspieliges Verfahren, das bei der Stampfarbeit z. B. manches Fehlgußstück ergibt. Auch das Anlernen durch andere, wie Meister, Vorarbeiter, ist meistens mangelhaft, da diese die Fähigkeiten nicht besitzen, ihre Erfahrungen anderen mitzuteilen, oder es gar absichtlich unterlassen, um ihre Unersetzlichkeit zu sichern. Das Anlernen auf psychotechnischer Grundlage ist das einzige Mittel, in kurzer Zeit kontrollierbare Erfolge zu erreichen. Es stellt zuerst die Lücken in den Fähigkeiten fest und bringt sie sodann durch systematisches Üben auf das Niveau der anderen Fertigkeiten.

Von der psychotechnischen Begutachtung der einzelnen Fertigkeiten oder Personen bis zur Begutachtung des ganzen Fertigungsvorganges ist nur noch ein Schritt. Selbst der beste Mann kann keine Höchstleistungen erzielen, wenn er nicht angemessene Arbeitsbedingungen vorfindet. Unter Heranziehung der Zeitstudie, Arbeitsstudie, Leistungsstudie (47) wird der Arbeitsvorgang zerlegt und Stück für Stück auf seine Zweckmäßigkeit begutachtet. Die Abstellung der erkannten Fehler und Unvollkommenheiten sowie der Hemmungen in der Arbeit, die zweckmäßigste Gestaltung der Arbeitsverfahren und Arbeitsbedingungen ergeben sich dann von selbst. Der Ausschuß wird vermindert und der Betrieb durch Rationalisierung auf psychotechnischer Grundlage wirtschaftlicher und billiger.

Der werktätige Mensch jedoch kann seine Anlagen, Fähigkeiten und Kräfte zur besten Entfaltung und zur höchsten Auswirkung bringen und damit volle Befriedigung in seinem Beruf finden.

Literaturverzeichnis.

1. Arnold: Der Faktor Mensch in der Industrie. Industrielle Psychotechnik (I. P.) Jg. 2, S. 206—212. 1925.
2. Arnold: Industrielle Psychotechnik unter besonderer Berücksichtigung der Gießereibetriebe. Die Gießerei Jg. 12, S. 244. 1925.
3. Bäumer: Ausschußbericht. Stahl und Eisen Jg. 40, S. 980. 1920.
4. Berling: Psychotechnik auf dem Hüttenwerk. I. P. Jg. 1, S. 83—87. 1924.
5. Bültmann: Eignungsuntersuchungen für den Formerberuf. I. P. Jg. 1, S. 89—90. 1924.
6. Couvè: Die psychotechnische Eignungsprüfung von Eisenbahnverkehrsbeamten. I. P. Jg. 1, S. 22—29. 1924.
7. Couvè: Lehrlingseignungsprüfung bei der Deutschen Reichsbahn-Gesellschaft. I. P. Jg. 2, S. 289—303. 1925.
8. Couvè: Über die Ergebnisse einer Versuchsprüfung an Bahnsteigschaffnern. I. P. Jg. 3, S. 319. 1926.
9. Couvè: Die Psychotechnik im Dienste der Deutschen Reichsbahn. Berlin 1925.
10. Delere:Tätigkeitsbericht der Psychotechn. Prüfstelle bei Fried. Krupp A.-G., Essen 1923/24. I. P. Jg. 2, S. 316. 1925.
11. Dellwig: Die psychologische Begutachtungsstelle der Gelsenkirchener Berwerks-A.-G., Abt. Schalke, Gelsenkirchen. I. P. Jg. 2, S. 317—318. 1925.
12. Dellwig: Desgl. Psychotechn. Z. Jg. 1, S. 40. 1925.
13. Dellwig: Psychologische Begutachtungsmethoden im Eisenhüttenwerk. Die Gießerei Jg. 12, S. 621—629. 1925.
14. Deutscher Ausschuß für technisches Schulwesen, Lehrgang für Formerlehrlinge. Berlin 1925.
15. Ebbinghaus: Abriß der Psychologie. Berlin-Leipzig 1922.
16. Efimoff: Ermüdungsmessungen bei Näh- und Bügelarbeit. I. P. Jg. 3, S. 50—56. 1926.
17. Friedrich: Die Schlosseranalyse. Dissertation, Berlin, T. H. 1922.
18. Friedrich: Einstellungsprüfung der Schlosserlehrlinge bei der Friedrich Krupp A.-G. Praktische Psychologie Jg. 3, S. 159—166. 1921/22.
19. Friedrich: Die Analyse des Schlosserberufs, P. P. Jg. 3, S. 287. 1921/22.
20. Friedrich: Menschenwirtschaft. Z. d. Vereins Deutscher Ingenieure Bd. 68, S. 405—413. 1924.
21. Friedrich: Prüfung und Übung von Kranführern. Stahl und Eisen Jg. 45, S. 381—388. 1925.
22. Geiger: Handbuch der Eisen- und Stahlgießerei Bd. 2. 2. Aufl. Berlin: Julius Springer 1927.
23. Giese: Psychotechnische Eignungsprüfung an Erwachsenen. Langensalza 1921.
24. Giese: Zur Betriebsführung psychotechnischer Prüfstellen. P. P. Jg. 3, S. 1—12. 1921/22.
25. Giese: Handbuch der psychotechnischen Eignungsprüfungen. Halle a. S. 1925.
26. Harzburger Druckschrift. Herausgegeben vom Verein Deutscher Eisengießereien. 1924.
27. Heller: Berufseignungsfeststellung und Unfallverhütung in der Holzindustrie auf Grund psychotechnischer Prüfverfahren. Dissertation Berlin, T. H. 1924.
28. Heller: Eignungsprüfung und Unfallvorbeugung in der Holzindustrie. I. P. Jg. 1, S. 99—118. 1924.
29. Herwig: Auswertungsverfahren bei der psychotechnischen Eignungsprüfung. P. P. Jg. 2, S. 45—48. 1920/21.

30. Herwig: Auswertungsverfahren bei nicht apparativen psychotechnischen Proben zur Eignungsfeststellung und ihre Bedeutung für die Methodik der Eignungsprüfung. P. P. Jg. 3, S. 114—140. 1921/22.
31. Hesse: Die Formerei. Leipzig 1924.
32. Heyd: Eignungsprüfungen im Rangierdienst. I. P. Jg. 1, S. 140—147. 1924.
33. Heyd: Eignungsuntersuchungen für Eisenbahnbeamte der Assistentenlaufbahn und des Stellwerkdienstes. I. P. Jg. 3, S. 65—79. 1926.
34. Hische: Das erste kommunale psychologische Institut Deutschlands (Hannover) und sein Tätigkeitsbereich. I. P. Jg. 1, S. 88. 1924.
35. Hische: Das Eignungsprinzip. Richtlinien psychologisch-menschenwirtschaftlicher Berufsberatung. Halle a. S. 1926.
36. Hüttenhein, Roser u. Daiber: Ausschußberichte. Stahl und Eisen Jg. 41, S. 822—827. 1921.
37. Irresberger: Die Formstoffe der Eisen- und Stahlgießerei. Berlin: Julius Springer 1920.
38. Kalpers: Die Bewertung der menschlichen Arbeitskraft. Z. f. d. gesamte Gießereipraxis. Jg. 47, S. 145.
39. Kellner: Die Urteilsbildung bei der psychotechnischen Prüfung. I. P. Jg. 2, S. 303—315. 1925.
40. Kellner: Die Formerlehrlingshaltung bei der Fritz Werner A.-G., Berlin-Mariendorf. Die Gießerei Jg. 12, S. 990. 1925.
41. Kellner: Die Formerlehrlingshaltung bei der Fritz Werner A.-G. Maschinenbau S. 735. 1925.
42. Kirschmann: Grundzüge der psychologischen Maßmethoden. Berlin-Wien 1920. (Handbuch der biologischen Arbeitsmethoden.)
43. Klutke: Beiträge zur psychotechnischen Eignungsprüfung für den Fernsprechdienst. P. P. Jg. 3, S. 93—110. 1921/22.
44. Klutke: Eignungsprüfungen bei der Reichspost. I. P. Jg. 4, S. 65—84. 1927.
45. Kresse: Über Eignungsprüfung des industriellen Lehrlings. Werkstatttechnik (W. T.) Jg. 14, S. 639—640. 1920.
46. Ledebur: Handbuch der Eisen- und Stahlgießerei.
47. Michel: Wie macht man Zeitstudien? Berlin 1922.
48. Moede: Die psychotechnische Eignungsprüfung des industriellen Lehrlings. P. P. Jg. 1, S. 6—18. 1919/20.
49. Moede: Der gegenwärtige Stand der industriellen Psychotechnik unter besonderer Berücksichtigung des Gießereigewerbes. Stahl und Eisen Jg. 40, S. 1016. 1920.
50. Moede: Desgl. Gießereizeitung Jg. 18, S. 1—3. 1921.
51. Moede: Grundsätze der psychotechnischen Lehrlingsprüfung. W. T. Jg. 14, S. 433. 1920.
52. Moede: Ergebnisse der industriellen Psychotechnik. P. P. Jg. 2, S. 289—328. 1920/21.
53. Moede: Die Arten der Eignungsprüfung. W. T. Jg. 16, S. 521—530. 1922.
54. Moede: Die Untersuchung und Übung des Gehirngeschädigten nach experimentellen Methoden. Langensalza 1918.
55. Moede: Die Experimentalpsychologie im Dienste des Wirtschaftslebens. Berlin 1920.
56. Moede: Die Eignungsprüfung im Dienste der Betriebsrationalisierung. I. P. Jg. 1, S. 3—16. 1924.
57. Moede: Experimentelle Massenpsychologie. Leipzig 1920.
58. Osann: Lehrbuch der Eisen- und Stahlgießerei. Leipzig 1920.
59. Piorkowski: Über Methoden zur Erkennung und Schulung der Konzentration. P. P. Jg. 1, S. 167—174. 1919/20.
60. Prüfstellen der Industrie in Deutschland. I. P. Jg. 3, S. 246—253. 1926.
61. Refa-Mappe für Gießereiwesen. Berlin 1926.
62. Riebensahm: Werkzeichnung — Modell — Abguß. Daimler Werkzeitung Jg. 1920, S. 225—230 u. Z. d. Vereins deutscher IngenieureBd. 67, Jg. 1920, S. 665—666.

63. Rupp: Psychotechnik und Gießereiwesen. Die Gießerei Jg. 11, S. 305—308. 1924.
64. Rupp: Betriebshütte. Berlin 1924.
65. Seifried: Die Ausbildung der Former und Gießerlehrlinge in der Maschinenfabrik Augsburg-Nürnberg A.-G., Werk Nürnberg. W. T. Jg. 16, S. 407. 1922.
66. Schlesinger: Betriebswissenschaft und Psychotechnik. P. P. Jg. 1, S. 1—6. 1920/20.
67. Schlesinger: Psychotechnik und Betriebswissenschaft. Leipzig 1920.
68. Schneider: Einrichtung einer psychologischen Untersuchungsstelle bei der Ober-Postdirektion Berlin. P. P. Jg. 3, S. 376—378. 1921/22.
69. Schneider: Das Briefstempelgeschäft, eine Arbeitsuntersuchung. P. P. Jg. 4, S. 66—76. 1922/23.
70. Schneider: Eignungsprüfung und Erfolgskontrollen in einem Großbetriebe. I. P. Jg. 2, S. 108—118. 1925.
71. Schneider: Die Betriebswissenschaft. I. P. Jg. 2, S. 375. 1925.
72. Schott-Einenkel: Gießereimaterialienkunde. Berlin 1920.
73. Schreiber: Mitteilungen aus dem Prüflaboratorium für Berufseignung bei den Sächsichsen Staatseisenbahnen. Z. d. Vereins Deutscher Ingenieure Bd. 63, S. 656. 1919.
74. Schulhof: Die Darstellung psychotechnischer Prüfergebnisse. I. P. Jg. 1, S. 54—58. 1924.
75. Tillmann: Eine Kurve für die Errechnung des Ermüdungszuschlages bei Handarbeiten. I. P. Jg. 3, S. 109—114. 1926.
76. Treuheit: Festigkeitsprüfung für Formen und Kerne. Die Gießerei. Jg. 10. S. 511—513. 1923.
77. Verein Deutscher Eisengießereien, Gießereihandbuch. München 1926.
78. Vierteljahrshefte zur Statistik des Deutschen Reiches. Sonderdruck 1927.
79. Wirth: Spezielle psychophysische Maßmethoden. Berlin-Wien 1920. (Handbuch der biologischen Arbeitsmethoden.)
80. Wundt: Grundriß der Psychologie. Leipzig 1922.

Zeitschriften.

81. Industrielle Psychotechnik. Angewandte Psychologie in Industrie, Handel, Verkehr, Verwaltung. Herausgegeben von W. Moede. Berlin.
82. Praktische Psychologie. Mschr. f. d. ges. angew. Psychol.
83. Z. angew. Psychol. nebst Beiheften. Herausgegeben von Stern u. Dittmann, Leipzig.
84. Psychotechn. Z. Herausgegeben von H. Rupp, München.
85. Stahl und Eisen. Z. f. d. Deutsche Eisenhüttenwesen, Düsseldorf.
86. Die Gießerei. Z. f. Wirtschaft u. Technik d. Gießereiwesens, München.
87. Gießerei-Zeitung. Z. f. d. ges. Gießereiwesen, Berlin.
88. Z. f. d. ges. Gießereipraxis. Eisenzeitung, Berlin.
89. Organisation. Z. f. Betriebswissenschaft, Verwaltungspraxis u. Wirtschaftspraxis, Berlin.

In der Sammlung

Bücher der industriellen Psychotechnik.

Herausgeber: Prof. Dr. **W. Moede**, Technische Hochschule, Berlin

erschienen ferner:

Band I: **Richtige Reklame.** Autorisierte Übersetzung der 2. Auflage von „Principles of advertising“ von Dr. phil. **H. Hahn**-Nürnberg. Mit einem Vorwort von Professor Dr. **W. Moede.** Mit 222 Abbildungen im Text und 4 mehrfarb. Tafeln. IX, 468 Seiten. 1928. Gebunden RM 22.50

Band II: **Rationalisierung der Schreibmaschine und ihrer Bedienung.** Psychotechnische Arbeitsstudien. Von Dr.-Ing. **E. A. Klockenberg.** Mit 70 Textabbildungen und 40 Tab. VIII, 202 S. 1926. RM 12.—; geb. RM 12.90

Band III: **Psychotechnik der Buchführung.** Von **Hugo Meyerheim.** Mit 36 Textabbildungen. IV, 99 Seiten. 1927. RM 7.50; geb. RM 8.40

Die psychologischen Probleme der Industrie. Von **Frank Watts** M. A., Dozent der Psychologie an der Universität Manchester und an der Abteilung für industrielle Verwaltung der Gewerbeakademie von Manchester. Deutsch von **Herbert Frhr. Grote.** Mit 4 Textabbild. VIII, 221 Seiten. 1922. RM 5.50; gebunden RM 7.—

Das Problem der Industriearbeit.

Mechanisierte Industriearbeit, muss sie im Gegensatz zu freier Arbeit Mensch und Kultur gefährden? Von **Hugo Borst**, Kaufmännischer Leiter der Robert Bosch A.-G.

Die Erziehung der Arbeit. Von Dr. **W. Hellpach**, Staatspräsident und Professor in Karlsruhe.

Zwei Vorträge, gehalten auf der Sommertagung 1924 des Deutschen Werkbundes. V, 70 Seiten. 1925. RM 2.—

Sozialpsychologische Forschungen des Instituts für Sozialpsychologie an der Technischen Hochschule Karlsruhe. Herausgegeben von Prof. Dr. phil. et med. **Willy Hellpach**, Vorstand des Instituts.

Erster Band: Gruppenfabrikation. Von **R. Lang**, Untertürkheim, und **W. Hellpach**, Karlsruhe. X, 186 Seiten. 1922. RM 4.80

Zweiter Band: Werkstattaussiedlung. Untersuchungen über den Lebensraum des Industriearbeiters. In Verbindung mit **Eugen May**, Dreher in Münster a. Neckar, und Dr. jur. **Martin Grünberg** in Stuttgart herausgegeben von Dr. jur. **Eugen Rosenstock.** Mit 2 Textabbildungen. VI, 286 Seiten. 1922. RM 6.—

Industrielle Psychotechnik. Angewandte Psychologie in Industrie, Handel, Verkehr, Verwaltung. Herausgegeben von Prof. Dr. **W. Moede**, Technische Hochschule zu Berlin, Handelshochschule Berlin. Monatlich ein Heft von 32 bis 40 Seiten Quartformat. Preis vierteljährlich RM 8.—. Einzelheft RM 3.— zuzüglich Porto.

Mit ihrem Programm der Rationalisierung von Anlernung, Arbeitszuteilung, Arbeits- und Absatzverfahren ist die „Industrielle Psychotechnik“, die im 5. Jahrgang erscheint, das Zentralorgan für die Rationalisierung und Organisation der menschlichen Arbeit an allen Plätzen der Betriebe, an denen Menschen tätig sind.